Linux开源网络全栈详解

从DPDK到OpenFlow

英特尔亚太研发有限公司　编著

电子工业出版社
Publishing House of Electronics Industry
北京·BEIJING

内 容 简 介

本书基于 Linux 基金会划分的开源网络技术层次框架，对处于主导地位的、较为流行的开源网络项目进行阐述，包括 DPDK、OpenDaylight、Tungsten Fabric、OpenStack Neutron、容器网络、ONAP、OPNFV 等。本书内容主要围绕各个项目的起源与发展、实现原理与框架、要解决的网络问题等方面展开讨论，致力于帮助读者对 Linux 开源网络技术的实现与发展形成完整、清晰的认识。本书语言通俗易懂，能够带领读者快速走入 Linux 开源网络的世界并做出自己的贡献。

本书适合参与 Linux 开源网络项目开发的读者阅读，也适合互联网应用的开发者、架构师和创业者参考。

未经许可，不得以任何方式复制或抄袭本书之部分或全部内容。
版权所有，侵权必究。

图书在版编目（CIP）数据

Linux 开源网络全栈详解：从 DPDK 到 OpenFlow / 英特尔亚太研发有限公司编著. —北京：电子工业出版社，2019.7
ISBN 978-7-121-36786-1

Ⅰ.①L⋯ Ⅱ.①英⋯ Ⅲ.①Linux 操作系统 Ⅳ.①TP316.85

中国版本图书馆 CIP 数据核字（2019）第 108126 号

责任编辑：孙学瑛
文字编辑：宋亚东
印　　刷：北京捷迅佳彩印刷有限公司
装　　订：北京捷迅佳彩印刷有限公司
出版发行：电子工业出版社
　　　　　北京市海淀区万寿路 173 信箱　邮编：100036
开　　本：720×1000　1/16　印张：16.75　字数：429 千字
版　　次：2019 年 7 月第 1 版
印　　次：2024 年 4 月第 11 次印刷
定　　价：79.00 元

凡所购买电子工业出版社图书有缺损问题，请向购买书店调换。若书店售缺，请与本社发行部联系，联系及邮购电话：（010）88254888，88258888。

质量投诉请发邮件至 zlts@phei.com.cn，盗版侵权举报请发邮件至 dbqq@phei.com.cn。
本书咨询联系方式：010-51260888-819，faq@phei.com.cn。

推荐序一

Network functions are rapidly transforming from being delivered on proprietary, purpose-built hardware to capabilities running on intelligent and composable infrastructure. We are transforming the network from a statically configured and inflexible offering, to a network which can be provisioned to specific end users, specific verticals and specific needs on a standard server-based infrastructure. Greater customer value is being derived from this flexibility and programmability.

The foundation of the 5G network requires an intelligent infrastructure built on NFV and SDN-based architecture that takes advantage of server volume economics, virtualization and cloud technologies. This enables new services to be deployed more quickly and cost effectively. Intel has a growing portfolio of products and technologies that deliver solutions to help network transformation, bringing advanced performance and intelligence from the network edge to the core of the data center.

Open source software is one key part of the portfolio, which unlocks the platform capabilities of the network for packet processing. Intel invented the Data Plane Development Kit (DPDK), later co-founded as an open source project, and currently leads its growth with the community, helping make DPDK a de-facto standard for packet processing. In addition to DPDK, Intel has significantly contributed to other important open source projects, including Open Virtual Switch

(OVS), FD.io, Vector Packet Processing (VPP) for network stack, Tungsten Fabric (TF) for virtual router, and HYPERSCAN for pattern matching.

We have a skilled and committed team in China who have contributed to these open source projects over the years, and continue to collaborate with our partners in these communities to solve challenging network problems. As a good linkage with the Chinese ecosystem, it is with great pride that the team presents this book as a resource to help contributors who want to get involved, influence communities, and drive continued innovation.

Sandra Rivera
Senior Vice President and General Manager
Network Platforms Group
Intel 5G Executive Sponsor

推荐序二

The rise of Cloud and Edge computing has brought about a shift in networking technology. Increasingly, purpose-built physical systems are being replaced with flexible, adaptable solutions built on open source technology. Open software is driving the innovation that powers this evolution, with Software-Defined Networking (SDN) and network function virtualization paving the way for tremendous growth in connected services.

Intel is a strong contributor to open source software across technologies and market segments. Intel has been a leader in advancing the open networking ecosystem, contributing to projects such as the Data Plane Development Kit (DPDK) for data plane acceleration; Open Virtual Switch (OVS) and Vector Packet Processing (VPP) for virtual switch; OpenStack Neutron, OpenDaylight (ODL) and Tungsten Fabric (TF) for SDN; the Open Networking Automation Platform (ONAP) for orchestration and automation; and Open Platform Network Function Virtualization (OPNFV).

This book draws from the deep experience of Intel software engineers who work in open source networking communities and discusses how these projects fit as part of a complete stack for cloud infrastructure. We are proud to offer this resource to help contributors who want to get involved, influence communities, and drive continued innovation.

Imad Sousou

Corporate Vice President, Intel Corporation

General Manager, Intel System Software Products

前　言

自 1991 年诞生起，Linux 已经走过了接近三十年。Linux 早已没有了问世时的稚气，正在各个领域展示自己成熟的魅力。

以 Linux 为基础，也衍生出了各种开源生态，例如网络和存储。而生态离不开形形色色的开源项目，在人人谈开源的今天，一个又一个知名的开源项目正在全球快速生长。面对一个又一个扑面而来且快速更迭的新项目、新名词，我们会有一定的紧迫感，想去了解它们背后的故事，也会有一定的动力去踏上 Linux 开源网络世界之旅。面对这样的一段旅途，我们心底浮现的最为愉悦的开场白或许应该是"说实话，我学习的热情从来都没有低落过。Just for Fun"，正如 Linus 在自己的自传 *Just for Fun* 中所希望的那样。

面对 Linux 开源网络这么一个庞大而又杂乱的世界，让人最为惴惴不安的问题或许是：我该如何更快更好地适应这个全新的世界？人工智能与机器学习领域里研究的一个很重要的问题是"为什么我们小时候有人牵一匹马告诉我们那是马，于是之后我们看到其他的马就知道那是马了？"针对这个问题的一个结论是：我们头脑里形成了一个生物关系的拓扑，我们认知的各种生物都会放进这个拓扑的结构里，而我们随着年纪不断成长的过程就是形成并完善各种各样或树形或环形等拓扑的过程，并以此来认知我们面对的各种新事物。

由此可见，或许我们认知 Linux 开源网络世界最快也最为自然的方式就是努力地在脑海里形成它的拓扑，并不断地进行细化。例如这个生态里包括了什么样的层次，每个层次里又有什么样的项目去实现，各个项目又实现了哪些服务以及功能，这些功能又是以什么样的方式实现的，等等。对于我们感兴趣的项目，又可以更为细致地去勾勒其中的脉络。就好像我们头脑里形成的有关一个城市的地图，它有哪些区，区里又有哪些标志建筑以及街道，对于我们熟悉的地方可以将它的周围进行放大细化，甚至是一个微不足道的角落。

本书的组织形式

本书的内容组织正是为了尽一切能力帮助读者能够形成有关 Linux 开源网络世界比较细致的拓扑。首先是前两章，对 Linux 开源网络的生态以及 Linux 本身对网络的支持与实现进行了阐述，希望能够帮助读者对 Linux 开源网络有一个全面、基本的认识和了解。

第 1 章主要基于 Linux 基金会划分的开源网络技术层次框架，对 Linux 开源网络生态进行整体的介绍。此外，也介绍了与网络有关的开源组织与标准架构。

第 2 章详尽地介绍了 Linux 虚拟网络的实现，包括 Linux 环境下一些网络设备的虚拟化形式，以及组建虚拟化网络时涉及的主要技术，为更进一步讨论 Linux 开源网络生态下的开源项目打下基础。

第 3～7 章对 Linux 开源网络生态各个层次中处于主导地位的、较为流行的项目进行介绍。按照认识的发展规律，通过前面两章的介绍我们已经对 Linux 开源网络世界有了全局的认识和了解，接下来就可以按兴趣或工作需要为导向，选择一个项目进行深入的钻研和分析。这些章节的内容也是希望能够尽量帮助读者形成对相应项目的比较细致的拓扑，并不求对所有实现细节详尽分析。

网络数据平面的性能开销复杂多样且彼此关联，第 3 章即对相关的优化技术与项目进行讨论，包括 DPDK、OVS-DPDK、FD.IO 等。

第 4 章讨论网络的控制面，并介绍主要开源 SDN（软件定义网络）控制器，包括 OpenDaylight 与 Tungsten Fabric 等。

第 5 章与第 6 章分别讨论 OpenStack 与 Kubernetes 两种主要云平台中的网络支持。

没有网络，任何虚拟机或者容器都将只是这个虚拟世界中的孤岛，不知道自己生存的价值。

第 7 章讨论网络世界中的大脑——编排器。内容主要涵盖两种开源的编排器，包括 ONAP 与 OPNFV。

感谢

作为英特尔的开源技术中心，参与各个 Linux 开源网络项目的开发与推广是再自然不过的事情。除了为各个开源项目的完善与稳定贡献更多的思考和代码，我们也希望能通过这本书让更多的人更快捷地融入 Linux 开源网络世界的大家庭。

如果没有 Sandra Rivera（英特尔高级副总裁兼网络平台事业部总经理）、Imad Sousou（英特尔公司副总裁兼系统软件产品部总经理）、Mark Skarpness（英特尔系统软件产品部副总裁兼数据中心系统软件总经理）、Timmy Labatte（网络平台事业部副总裁兼软件工程总经理）、练丽萍（英特尔系统软件产品部网络与存储研发总监）、冯晓焰（英特尔系统软件产品部安卓系统工程研发总监）、周林（网络平台事业部中国区软件开发总监）、梁冰（英特尔系统软件产品部市场总监）、王庆（英特尔系统软件产品部网络与存储研发经理）的支持，这本书不可能完成，谨在此感谢他们的关怀与帮助。

也要感谢本书的编辑孙学瑛老师与宋亚东老师，从选题到最后的定稿，整个过程中，都给予我们无私的帮助和指导。

然后要感谢参与各章内容编写的各位同事，他们是郭瑞景、陆连浩、秦凯伦、徐琛杰、应若愚、丁亮、朱礼波、黄海彬、任桥伟、梁存铭、胡雪焜、胡嘉瑜、王潇、何少鹏、姚磊、倪红军、吴菁菁、陈兆彦。为了本书的顺利完成，他们付出了很多努力。

最后感谢所有对 Linux 开源网络技术抱有兴趣或从事各个 Linux 开源网络项目工作的人，没有你们的源码与大量技术资料，本书便会成为无源之水。

作 者

目 录

第 1 章 Linux 开源网络 1

  1.1 开源网络组织 1
      1.1.1 云计算与三大基金会 1
      1.1.2 LFN 3
  1.2 网络标准及架构 4
      1.2.1 OpenFlow 4
      1.2.2 SDN 10
      1.2.3 P4 14
      1.2.4 ETSI 的 NFV 参考架构 17
  1.3 Linux 开源网络生态 19
      1.3.1 开源硬件 20
      1.3.2 虚拟交换 21
      1.3.3 Linux 操作系统 22
      1.3.4 网络控制 23
      1.3.5 云平台 24
      1.3.6 网络编排 27
      1.3.7 网络数据分析 27
      1.3.8 网络集成 28

第 2 章　Linux 虚拟网络 29

2.1　TAP/TUN 设备 30
2.2　Linux Bridge 32
2.3　MACVTAP 33
2.4　Open vSwitch 35
2.5　Linux Network Namespace 37
2.6　iptables/NAT 42
2.7　虚拟网络隔离技术 45
2.7.1　虚拟局域网（VLAN） 45
2.7.2　虚拟局域网扩展（VxLAN） 47
2.7.3　通用路由封装 GRE 49
2.7.4　通用网络虚拟化封装（Geneve） 50

第 3 章　高性能数据平面 52

3.1　高性能数据面基础 54
3.1.1　内核旁路 54
3.1.2　平台增强 59
3.1.3　DPDK 65
3.2　NFV 和 NFC 基础设施 72
3.2.1　网络功能虚拟化 72
3.2.2　从虚拟机到容器的网络 I/O 虚拟化 78
3.2.3　NFVi 平台设备抽象 81
3.3　OVS-DPDK 86
3.3.1　OVS-DPDK 概述 86
3.3.2　OVS-DPDK 性能优化 93
3.4　FD.IO：用于报文处理的用户面网络协议栈 98
3.4.1　VPP 98
3.4.2　FD.IO 子项目 101
3.4.3　与 OpenDaylight 和 OpenStack 集成 107
3.4.4　vBRAS 109

目 录

第 4 章 网络控制 112

4.1 OpenDaylight 114
- 4.1.1 ODL 社区 114
- 4.1.2 ODL 体系结构 115
- 4.1.3 YANG 120
- 4.1.4 ODL 子项目 122
- 4.1.5 ODL 应用实例 125

4.2 Tungsten Fabric 126
- 4.2.1 Tungsten Fabric 体系结构 126
- 4.2.2 Tungsten Fabric 转发平面 134
- 4.2.3 Tungsten Fabric 实践 138
- 4.2.4 Tungsten Fabric 应用实例 145
- 4.2.5 Tungsten Fabric 与 OpenStack 集成 146

第 5 章 OpenStack 网络 147

5.1 OpenStack 网络演进 150
5.2 Neutron 体系结构 152
- 5.2.1 网络资源模型 152
- 5.2.2 网络实现模型 159
- 5.2.3 Neutron 软件架构 164

5.3 Neutron Plugin 165
- 5.3.1 ML2 Plugin 165
- 5.3.2 Service Plugin 170

5.4 Neutron Agent 174

第 6 章 容器网络 177

6.1 容器 177
- 6.1.1 容器技术框架 180
- 6.1.2 Docker 184
- 6.1.3 Kubernetes 188

6.2 Kubernetes 网络 196

XI

  6.2.1 Pod 内部的容器间通信 196
  6.2.2 Pod 间通信 197
  6.2.3 Pod 与 Service 之间的网络通信 199
  6.2.4 Kubernetes 外界与 Service 之间的网络通信 202
 6.3 Kubernetes CNI 202
 6.4 Service Mesh 209
  6.4.1 Sidecar 模式 211
  6.4.2 开源 Service Mesh 方案 213
 6.5 OpenStack 容器网络项目 Kuryr 217
  6.5.1 Kuryr 起源 217
  6.5.2 Kuryr 架构 217

第 7 章 网络编排与集成 221

 7.1 ETSI NFV MANO 221
  7.1.1 ETSI 标准化进展 221
  7.1.2 OASIS TOSCA 223
  7.1.3 开源编排器 224
 7.2 ONAP 228
  7.2.1 ONAP 基本框架 230
  7.2.2 ONAP 应用场景 234
 7.3 OPNFV 237
  7.3.1 OPNFV 上游 238
  7.3.2 OPNFV 项目 245
  7.3.3 OPNFV CI 251
  7.3.4 OPNFV 典型用例 252

第 1 章

Linux 开源网络

在人人谈开源的今天,看着一个又一个知名的开源项目在全球快速发展,开发者会非常想去了解这些开源项目。囿于本书的主题,我们只会努力去对 Linux 开源网络道出个一二三来。

1.1 开源网络组织

1.1.1 云计算与三大基金会

在形形色色的开源组织里,有三个巨无霸的角色,就是 Linux 基金会、OpenStack 基金会和 Apache 基金会。而三大基金会又与盛极一时的云计算有着千丝万缕的关系。

整体而言,云计算的开源体系可以分为硬件、容器/虚拟化与虚拟化管理、跨容器和资源调度的管理和应用。在这几个领域里,Linux 基金会关注硬件、容器及资源调度管理,在虚拟化层面,也有 KVM 和 Xen 等为人熟知的项目。在容器方面,Linux 基金会和 Docker 联合发起了 OCI(Open Container Initiative);在跨容器和资源调度管理上,Linux 基金会和 Kubernetes 发起了 CNCF(Cloud Native Computing Foundation)。相比之下,OpenStack 基金会更为聚焦,专注于虚拟化管理。

(1)Linux 基金会

Linux 基金会的核心目标是推动 Linux 的发展。我们耳熟能详的 Xen、KVM、CNCF

等,都来自 Linux 基金会。

Linux 基金会采用的是会员制,分为银级、金级、白金级三个等级,白金级是最高等级。Linux 基金会的会员数量不胜枚举,不过由于白金级高达 50 万美元的年费门槛,白金级会员却是一份短名单,仅包括思科、富士通、惠普、华为、IBM、Intel、NEC、甲骨文、高通、三星和微软等知名企业。

值得一提的是,作为白金级会员的华为,在 Linux 基金会成功建立了一个项目——OpenSDS,这是首个由我国主导的 Linux 基金会项目。OpenSDS 旨在为不同的云、容器、虚拟化等环境创建一个通用开放的 SDS(Software Defined Storage)解决方案,提供灵活的按需供给的数据存储服务。

另外,2018 年 3 月,由英特尔开源技术中心中国团队主导的车载虚拟化项目 ACRN 也被 Linux 基金会接受并发布。ACRN 是一个专为物联网和嵌入式设备设计的管理程序,目标是创建一个灵活小巧的虚拟机管理系统。通过基于 Linux 的服务操作系统,ACRN 可以同时运行多个客户操作系统,如 Android、Linux 其他发行版或 RTOS,使其成为许多场景的理想选择。

(2)OpenStack 基金会

近些年,在开源的世界,OpenStack 应该是最为红火的面孔之一。OpenStack 基金会就是围绕 OpenStack 项目发展而来的。2012 年 9 月,在 OpenStack 发行了第 6 个版本 Folsom 的时候,非营利组织 OpenStack 基金会成立。OpenStack 基金会最初拥有 24 名成员,共获得了 1000 万美元的赞助基金,由 RackSpace 的 Jonathan Bryce 担任常务董事。OpenStack 社区决定 OpenStack 项目从此以后都由 OpenStack 基金会管理。

OpenStack 基金会的职责为推进 OpenStack 的开发、发布以及能作为云操作系统被采纳,并服务于来自全球的所有 28000 名个人会员。

OpenStack 基金会的目标是为 OpenStack 开发者、用户和整个生态系统提供服务,并通过资源共享,推进 OpenStack 公有云和私有云的发展,辅助技术提供商在 OpenStack 中集成新兴技术,帮助开发者开发出更好的云计算软件。

OpenStack 基金会在成立之初就设立了专门的技术委员会,用来指导 OpenStack 技术相关的工作。对于技术问题讨论、某项技术决策和未来技术展望,技术委员会负责提供指导性建议和意见。除此之外，技术委员会还要确保 OpenStack 项目的公开性、透明性、普遍性、融合性和高质量。

一般情况下，OpenStack 技术委员会由 13 位成员组成，他们完全是由 OpenStack 社区中有过代码贡献的开发者投票选举出来的，通常任职 6 个月后需要重选。有趣的是，其中的 6 位成员是在每年秋天选举产生的，另外 7 位是在每年春季选举产生的，通过时间错开保持了该委员会成员的稳定性和延续性。技术委员会成员候选人的唯一条件是，该候选人必须是 OpenStack 基金会的个人成员，除此之外无其他要求。而且，技术委员会成员也可以同时在 OpenStack 基金会其他部门兼任职位。

而随着越来越多的用户在生产环境中使用 OpenStack，以及 OpenStack 生态圈里越来越多的合作伙伴在云中支持 OpenStack，社区指导用户使用和产品发展的使命就变得越来越重要。鉴于此，OpenStack 用户委员会应运而生。

OpenStack 用户委员会的主要任务是收集和归纳用户需求，并向董事会和技术委员会报告；以用户反馈的方式向开发团队提供指导；跟踪 OpenStack 部署和使用，并在用户中分享经验和案例；与各地 OpenStack 用户组一起在全球推广 OpenStack。

（3）Apache 基金会

Apache 基金会简称为 ASF，在它支持的 Apache 项目与子项目中，所发行的软件产品都需要遵循 Apache 许可证。

对于开发者来说，在 Apache 的生态世界中，有"贡献者→提交者→成员"这样的成长路径。积极为 Apache 社区贡献代码、补丁或文档就能成为贡献者。通过会员的指定，能够成为提交者，就会拥有一些"特权"。提交者中的优秀分子可以"毕业"成为成员。

Apache 基金会为孵化项目提供组织、法律和财务方面的支持，目前其已经监管了数百个开源项目，包括 Apache HTTP Server、Apache Hadoop、Apache Tomcat 等。其中，Kylin 就是中国首个 Apache 顶级项目。

1.1.2 LFN

为了解决项目太多、协调性太差，从而导致的整个生态系统不协调的问题，2018 年年初，ONAP、OPNFV、OpenDaylight、FD.IO、PDNA 和 SNAS 等 Linux 基金会旗下的六大网络开源项目聚集在一起，创立了用于跨项目合作的 LFN（LF Networking Fund）。

LFN 的这六大创始开源项目，覆盖了从数据平面到控制平面、编排、自动化、端到端测试等领域，为跨项目协作提供了一个平台。通过统一的董事会管理，LFN 消除不同项目之间的重叠或冗余，创建更高效的流程，加快开源网络的发展进程。

LFN 仅仅为各个项目之间的合作提供一个平台，其中的每个项目都将继续保持技术独立和发布蓝图，六个项目的技术指导委员会（TSC）保持不变，但是将由一个技术咨询委员会（TAC）监管。此外，还有一个营销顾问委员会（MAC），统一负责六个项目的市场活动。

新的组织结构解决了各个成员项目之间重复收费的问题，在 LFN 成立之前，成员想要加入任何一个项目都需要缴纳会员费，但是 LFN 成立之后只需要缴纳 LFN 的会员费，就可以参加已经加入及未来即将加入的任何 LFN 项目。

1.2 网络标准及架构

1.2.1 OpenFlow

作为 SDN 的主要实现方式，OpenFlow 发展史就是 SDN 的发展史，对整个 SDN 的发展起着功不可没的作用。

1. OpenFlow 起源

OpenFlow 起源于斯坦福大学的 Clean Slate 项目组，Clean Slate 项目的最终目的非常大胆，是要"重新发明因特网（Reinvent the Internet）"，改变被认为已经略显不合时宜且难以进化发展的现有网络基础架构。

Clean Slate 项目的学术主任（Faculty Director）——Nick McKeown 教授，与他的学生 Martin Casado 发现，如果将传统网络设备的数据平面（Data Plane，数据转发）和控制平面（Control Plane，路由控制）相分离，通过集中式的控制器（Controller）以标准化的接口对各种网络设备进行管理和配置，那么将为网络资源的设计、管理和使用提供更多的可能性，从而更容易推动网络的革新与发展。于是，他们于 2008 年 4 月在 ACM Communications Review 发表了题为 *OpenFlow: enabling innovation in campus networks* 的论文，首次提出了 OpenFlow 的概念。

OpenFlow 将控制逻辑从网络设备中剥离出来，形成了如图 1-1 所示的控制转发分离架构。

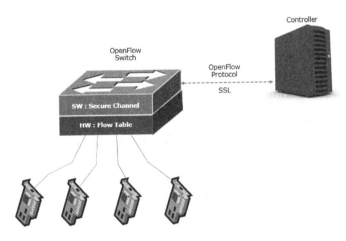

图 1-1　OpenFlow 控制转发分离架构

在 OpenFlow 发展的初期，为了达到更好利用现有硬件的目的，需要网络设备中内置一种稀有且昂贵的特殊内存 TCAM（Ternary Content-Addressable Memory）来保存流表。

设计 OpenFlow 的初衷是无须更改已搭载 TCAM 的网络设备硬件，仅通过软件升级即可实现网络行为变更，能够一边考虑应用现有架构，一边构建虚拟网络，也是 OpenFlow 广受业界关注的原因所在。

TCAM 在初期的 OpenFlow 设计思想中占有非常重要的地位，很多网络设备中也确实都搭载了 TCAM，Nick McKeown 教授的论文中就有这样的表述："目前最先进的以太网交换机和路由器都包含一个能够以线速实现防火墙、NAT、QoS 等功能并收集统计信息的流表（通常是基于 TCAM 构建），而我们正是利用了这一点。"

2．OpenFlow 版本变迁

OpenFlow 自产生以来，一直由开放网络基金会（ONF，Open Networking Foundation，一个致力于开放标准和 SDN 应用的用户主导型组织）管理，OpenFlow 协议也经历了很多个版本。

2009 年年底发布的 1.0 版本相对比较弱，只是奠定了 OpenFlow 协议的基调，它反映的是早期学者对网络设备的一种理想模型假设。这种假设认为交换机有很大的 TCAM 表项。

但是这种假设脱离了实际，TCAM 表项资源非常宝贵，能够保存的流表非常有限，很难满足现实生产环境的需要。

分别于 2011 年 2 月与 5 月发布的 OpenFlow1.1 和 1.2 版本增加了很多特性，其中最重要的是引入了 Group 和 Multi Table 概念。Group 是对一个或者多个端口的抽象，应用于组播或者广播，多个流表可以引用同一个组。Multi Table 指的是多级流表。Group 和 Multi Table 的提出可以很大地减少流表数量，更加贴近实际的交换机模型。

OpenFlow 1.3 于 2012 年发布，是对 1.1 和 1.2 版本的升级，特性变得更为丰富，主要增加了 Meter 和 QOS，可以对网络带宽进行限速并进行有效的管理，从而保证服务质量。

3. OpenFlow 设计思路

OpenFlow 协议的思路是网络设备维护一个 FlowTable，并且只通过 FlowTable 对报文进行处理，FlowTable 本身的生成、维护和下发完全由外置的控制器实现。此外，OpenFlow 交换机把传统网络中完全由交换机或路由器控制的报文转发，转换为由交换机和控制器共同完成，从而实现报文转发与路由控制的分离。控制器则通过事先规定好的接口操作 OpenFlow 交换机中的流表，达到数据转发的目的。

在 OpenFlow 交换机中，包含了安全通道、多级流表和组表。通过安全通道，OpenFlow 交换机可以和控制器建立基于 OpenFlow 协议的连接；而流表则用来匹配 OpenFlow 交换机收到的报文；组表用来定义流表需要执行的动作。

4. FlowTable

OpenFlow 通过用户定义的或预设的规则匹配和处理网络包。一条 OpenFlow 的规则由匹配域、优先级、处理指令和统计数据等字段组成，如图 1-2 所示。

Ingress Port	Ether Source	Ether Dst	Ether Type	Vlan id	Vlan Priority	IP src	IP dst	IP proto	IP ToS bits	TCP/UDP Src Port	TCP/UDP Dst Port

图 1-2　OpenFlow 规则

在一条规则中，可以根据网络包在 L2、L3 或者 L4 等网络报文头的任意字段进行匹配，比如以太网帧的源 MAC 地址、IP 包的协议类型和 IP 地址或者 TCP/UDP 的端口号等。目前 OpenFlow 的规范中还规定了 Switch 设备厂商可以有选择性地支持通配符进行匹配。OpenFlow 未来还计划支持对整个数据包的任意字段进行匹配。

所有 OpenFlow 的规则都被组织在不同的 FlowTable 中，而在同一个 FlowTable 中，按规则的优先级进行先后匹配。一个 OpenFlow Switch 可以包含一个或者多个 FlowTable，从 0 开始依次编号排列。

OpenFlow 规范中定义了流水线式的处理流程，如图 1-3 所示。当网络数据包进入 Switch 后，必须从 table 0 开始依次匹配，table 可以按从小到大的次序越级跳转，但不能从某一 table 向前跳转至编号更小的 table。当数据包成功匹配一条规则后，将首先更新该规则对应的统计数据（如成功匹配数据包总数目和总字节数等），然后根据规则中的指令进行相应操作，比如跳转至后续某一 table 继续处理，修改或立即执行该数据包对应的 Action Set 等。当数据包已经处于最后一个 table 时，其对应的 Action Set 中的所有 Action 将被执行，包括转发至某一端口、修改数据包的某一字段、丢弃数据包等。OpenFlow 规范对目前所支持的 Instructions 和 Actions 进行了完整详细的说明和定义。

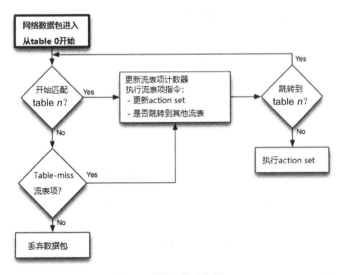

图 1-3　数据包处理流程

5. OpenFlow 通信通道

OpenFlow 协议主要通过对不同类型消息的处理来实现控制器与交换机之间的路由控制。目前，OpenFlow 主要支持三种消息类型，分别是 Controller-to-Switch、Asynchronous（异步消息）及 Symmetric（对称消息）。

- Controller-to-Switch：指由 Controller 发起，Switch 接收并处理的消息，主要包括 Features、Configuration、Modify-State、Read-Stats 和 Barrier 等消息。这些消息主要由 Controller 对 Switch 进行状态查询和修改配置等操作。
- Asynchronous：由 Switch 发送给 Controller，用来通知 Switch 上发生的某些异步事件的消息，主要包括 Packet-in、Flow-Removed、Port-Status 和 Error 等。例如，当某一条规则因为超时而被删除时，Switch 将自动发送一条 Flow-Removed 消息通知 Controller，以方便 Controller 进行相应的操作，比如重新设置相关规则。
- Symmetric：主要用来建立连接，检测对方是否在线等，都是些双向对称的消息，包括 Hello、Echo 与厂商自定义消息。

Hello、Features、Echo 又分别包含了 Request 与 Reply 消息，每一对 Request 与 Reply 的 Transaction ID 相同，交换机通过 ID 进行识别对应事件端口。图 1-4 所示即为在通常的交换机事件发生时，主要经过的几个交互步骤。

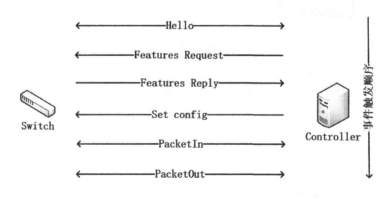

图 1-4　OpenFlow 交换机与控制器的交互过程

6. OpenFlow 应用

随着 OpenFlow 以及 SDN 的发展和推广，其研究和应用领域也得到了不断拓展，比如网络虚拟化、安全和访问控制、负载均衡、绿色节能,以及与传统网络设备交互和整合等。下面重点介绍网络虚拟化和负载均衡。

(1)网络虚拟化——FlowVisor

网络虚拟化的本质是对底层网络的物理拓扑进行抽象,在逻辑上对网络资源进行分片或整合,从而满足各种应用对于网络的不同需求。为了达到这个目的,FlowVisor 实现了一个特殊的 OpenFlow Controller,可以看作其他不同用户或应用的 Controller 与网络设备之间的一层代理,如图 1-5 所示。因此,不同用户或应用可以使用自己的 Controller 来定义不同的网络拓扑,同时 FlowVisor 又可以保证这些 Controller 之间能够互相隔离且互不影响。

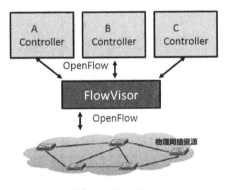

图 1-5　FlowVisor

FlowVisor 不仅是一个典型的 OpenFlow 应用案例,同时还是一个很好的研究平台,目前已经有很多基于 FlowVisor 的研究和应用。

(2)负载均衡——Aster*x

传统的负载均衡方案一般需要在服务器集群的入口处,通过一个 gateway 监测、统计服务器的工作负载,并据此将用户请求动态地分配到负载相对较轻的服务器上。既然网络中的所有网络设备都可以通过 OpenFlow 进行集中式的控制和管理,同时服务器的负载又可以及时地反馈给 OpenFlow Controller,那么 OpenFlow 就非常适合做负载均衡的工作。

如图 1-6 所示,基于 OpenFlow 的负载均衡模型 Aster*x 通过 Host Manager 和 Net Manager 来分别监测服务器和网络的工作负载,然后将这些信息反馈给 FlowManager,

这样 Flow Manager 就可以根据这些实时的负载信息，重新定义网络设备上的 OpenFlow 规则，从而将用户请求（即网络包）按照服务器的能力进行调整和分发。

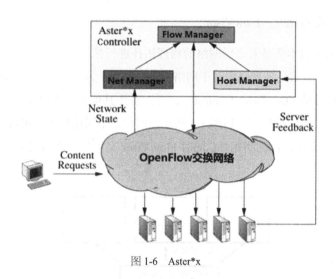

图 1-6　Aster*x

1.2.2　SDN

基于 OpenFlow 为网络带来的可编程的特性，斯坦福的 Nick McKeown 教授和他的团队进一步提出了 SDN（Software Defined Network，软件定义网络）的概念。

SDN 将控制功能从交换机中剥离出来，形成了一个统一的、集中式的控制平面，而交换机只保留了简单的转发功能，从而形成了转发平面（数据平面）。通过控制平面对数据平面的集中化控制，SDN 为网络提供了开放的编程接口，并实现了灵活的可编程能力，从而使网络能够真正地被软件定义，达到按需定制服务、简化网络运维、灵活管理调度的目标。

在 SDN 中，网络设备只负责单纯的数据转发，可以采用通用的硬件。如果将网络中所有的网络设备视为被管理的硬件资源，参考操作系统的设计原理，则可以抽象出一个网络操作系统（Network OS）的概念。这个网络操作系统一方面抽象了底层网络设备的具体细节，负责与网络硬件进行交互，实现对硬件的编程控制和接口操作，同时还为上层应用访问网络设备提供了统一的管理视图和编程接口。基于这个网络操作系统，用户可以开发各种网络应用程序，通过软件定义逻辑上的网络拓扑，以满足对网络资源的不同需求，而无须关心底层网络的物理拓扑结构。

1. SDN 架构

SDN 采用了如图 1-7 所示的基本架构，集中式的控制平面和分布式的转发平面相互分离，控制平面利用控制器、转发通信接口对转发平面上的网络设备进行集中式管理。

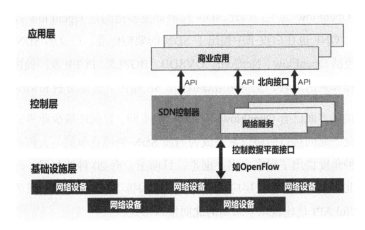

图 1-7　SDN 基本架构

- 基础设施层（Infrastructure Layer）：主要承担数据转发功能，由各种网络设备构成，如数据中心的网络路由器，支持 OpenFlow 的硬件交换机等。
- 控制层（Control Layer）：网络转发的控制管理平面，负责管理网络的基础设施，主要组成部分为 SDN 控制器。SDN 控制器是整个网络的大脑、控制中心，主要功能是按照配置的业务逻辑，产生对应的数据平面的流转发规则，通过下发给网络设备，控制其进行数据转发。
- 应用层（Application Layer）：指商业应用。开发者可以通过 SDN 控制器提供的北向接口，如 REST 接口实现应用和网络的联动，例如网络拓扑的可视化、监控等。
- 南向接口（Sorthbound Interface）：SDN 控制器对网络的控制主要通过 OpenFlow、NetConf 等南向接口实现，包括链路发现、拓扑管理、策略制定、表项下发等。其中，链路发现和拓扑管理主要是控制其利用南向接口的上行通道对底层交换设备上报信息进行统一的监控和统计，而策略制定和表项下发则是控制器利用南向接口的下行通道对网络设备进行统一的控制。
- 北向接口（Northbound Interface）：北向接口是通过控制器向上层应用开放

的接口，其目标是使得应用能够便利地调用底层的网络资源和能力。因为北向接口是直接为应用服务的，因此其设计需要密切联系应用的业务需求，比如需要从用户、运营商或产品的角度去考量。

在 SDN 发展初期，控制平面的表现形式更多是以单实例的控制器出现，实现 SDN 的协议也以 OpenFlow 为主，因此 SDN 控制器更多指的是 OpenFlow 控制器。随着 SDN 的发展，ONF 也在白皮书中提出了 SDN 的架构标准。广义的 SDN 支持丰富的南向协议，包括 OpenFlow、NetConf、OVSDB、BGPLS、PCEP 及厂商协议等，可实现灵活可编程和灵活部署，支持网络虚拟化、SR 路由、智能分析和调度。

与南向接口方面已有 OpenFlow 等国际标准不同，目前还缺少业界公认的北向接口标准。因此，北向接口的协议制定成为当前 SDN 领域竞争的一大焦点，不同的参与者或从各种角度提出了很多方案。据悉，目前至少有 20 种控制器，每种控制器都会对外提供北向接口，用于上层应用开发和资源编排。当然，对于上层的应用开发者来说，RESTful API 是比较乐于采用的北向接口形式。

2. SDN 实现

SDN 需要某种方法使控制平面能够与数据平面进行通信。OpenFlow 就是这样一种方法机制，但 OpenFlow 并非实现 SDN 的唯一途径。

（1）IETF 定义的开放 SDN 架构

如图 1-8 所示，IETF 定义的开放 SDN 架构的核心思路是重用当前的技术而不是 OpenFlow，比如利用 Netconf 和已有的设备接口。IETF 的 Netconf 使用 XML 来配置设备，旨在减少与自动化设备配置有关的编程工作量。这种架构充分地利用了现有设备，能够更大限度地保护已有的投资。

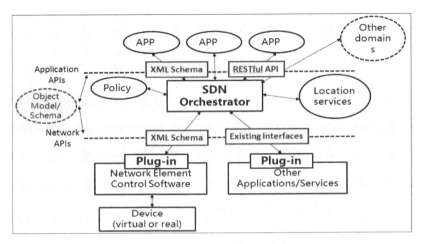

图1-8 IETF定义的开放SDN架构

（2）Overlay网络技术

如图1-9所示，是在现行的物理IP网络基础上建立叠加逻辑网络（Overlay Logical Network），屏蔽底层物理网络差异，实现网络资源的虚拟化，使得多个逻辑上彼此隔离的网络分区，以及多种异构的虚拟网络可以在同一共享的物理网络基础设施上共存。

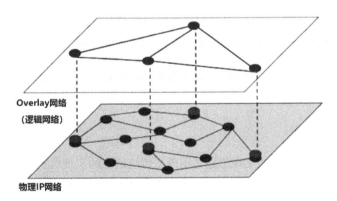

图1-9 Overlay网络

在网络技术领域，Overlay是一种网络架构上叠加的虚拟化技术模式，是指建立在已有网络上的虚拟网，由逻辑节点和逻辑链路构成。其大体框架是对基础的物理IP网络不进行大规模修改的条件下，实现应用在网络上的承载，并能与其他网络业务分离。

Overlay 网络的主要思想可被归纳为解耦、独立、控制三个方面。解耦是指将网络的控制从网络物理硬件中脱离出来，交给虚拟化的 Overlay 逻辑网络处理。

独立是指 Overlay 网络承载于物理 IP 网络之上，因此只要 IP 可达，那么相应的虚拟化网络就可以被部署，而无须对原有物理网络架构（例如原有的网络硬件、原有的服务器虚拟化解决方案、原有的网络管理系统、原有的 IP 地址等）做出任何改变。Overlay 网络可以便捷地在现网上部署和实施，这是它最大的优势。

控制是指叠加的逻辑网络将以软件可编程的方式被统一控制，网络资源可以和计算资源、存储资源一起被统一调度和按需交付。

Overlay 网络叠加的实现方案包括 VXLAN、NVGRE、NVP 等，主要由虚拟化技术厂商主导，比如 VMware 在其虚拟化平台中实现了 VxLAN 技术、微软在其虚拟化平台中实现了 NVGRE 技术，其中最典型的代表是 Nicira 公司提出的 NVP（Network Virtualization Platform，网络虚拟化平台）。NVP 支持在现有的网络基础设施上利用隧道技术屏蔽底层物理网络的实现细节，实现了网络虚拟化，并利用逻辑上集中的软件进行统一管控，实现网络资源的按需调度。

Overlay 网络叠加方案与虚拟化的整合比较便捷，但是在实际应用中，效果会受到底层网络质量的影响。同时，基于网络叠加的技术也会增加网络架构的复杂度，并降低数据的处理性能。

Overlay 与 SDN 可以说天生就是适合互相结合的技术组合。对 Overlay 网络中的虚拟机进行管理和控制，而 SDN 恰好可以完美地做到这一点。

（3）基于专用接口

基于专用接口的方案的实现思路是不改变传统网络的实现机制和工作方式，通过对网络设备的操作系统进行升级改造，在网络设备上开发出专用的 API 接口，管理人员可以通过 API 接口实现网络设备的统一配置管理和下发，改变原先需要一台台设备登录配置的手工操作方式，同时这些接口也可供用户开发网络应用，实现网络设备的可编程。典型的基于专用接口的 SDN 实现方案是的思科 ONE 架构。

1.2.3 P4

现有的 SDN 解决方案将控制平面与转发平面分离，并提供了控制平面的可编程能力。而事实上,这种通过软件编程实现的控制平面的功能,在传统的高级交换机和路由器上也都能实现,差别只是厂商把这些功能固化在了硬件中,第三方难以介入进行定制或二次开发。虽然一些高级设备提供了 SDK,以便用户能够进行一定程度的定制,但也必须受厂商制定的规范限制,能做的事情十分有限。目前 SDN 所做的就是打破这些限制,让设备和网络更加灵活,让用户不被厂商的规范所绑定,从而拥有无限的可能。

现有的 SDN 解决方案为用户开放的是控制平面的可编程能力,那么转发平面又如何呢? 在正常情况下,对于转发设备来说,数据包的解析转发流程是由设备转发芯片固化的,所以设备在协议的支持方面并不具备扩展能力。并且,厂商扩展转发芯片所支持的协议特性,甚至开发新的转发芯片以支持新的协议,代价非常高,需要将之前的硬件重新设计,这样势必导致更新的成本居高不下、时间周期长等一系列问题。所以,在一定程度上,这种将支持的协议与功能同硬件绑定的模式限制了网络的快速发展。

因此,新一代的 SDN 解决方案必须让转发平面也具有可编程能力,让软件能够真正定义网络和网络设备。而 P4(Programming Protocol-Independent Packet Processors)正是为用户提供了这种能力,打破了硬件设备对转发平面的限制,让数据包的解析和转发流程也能通过编程去控制,使得网络及设备自上而下地真正向用户开放。

P4 起源于由 Nick 教授等联合发布的一篇论文 *P4: Programming Protocol-Independent Packet Processors*,该论文在 SDN 领域引起了极大的反响和关注度。Nick 教授等人又发布了"The P4 Language Specification""Barefoot 白皮书"等文件。再之后,ONF 成立了开源项目 PIF,为 P4 提供配套的中间表示 IR。

P4 是一门主要用于数据平面的编程语言,可简单地将 P4 语言与 C 语言进行对比:

- C 语言程序代码 -> gcc 或其他编译器 -> 可执行文件,运行在 x86 CPU、ARM 等目标上。
- P4 语言代码 -> P4 编译器 -> 硬件或其他形式输出,运行在 CPU、FPGA、ASIC 等目标上。

P4 解决数据平面的可编程问题,OpenFlow 是解决控制平面的可编程问题。它们的关系如图 1-10 所示。

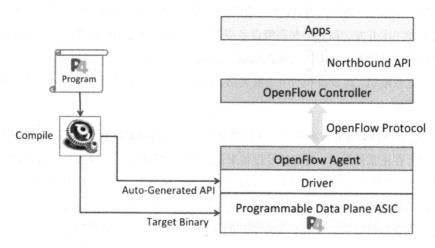

图 1-10　OpenFlow 与 P4 的关系

由于 P4 的定位是高级编程语言，所以 P4 可以定义任意自己想要的配置。它可以让设备与 SDN 控制器通过 OpenFlow 通信，也可以通过本地的交换机操作系统控制，一切皆由 P4 程序设计而定。在 P4 语言中，OpenFlow 只是一个程序，两者可以协同工作，事实上也已经有了使用 P4 语言编写的实现 OpenFlow 功能的程序 openflow.p4。

如图 1-11 所示为 P4 的架构，P4 语言具有下面三个特性：

- 协议无关性：网络设备不与任何特定的网络协议绑定，用户可以使用 P4 语言描述任何网络数据平面的协议和数据包处理行为。
- 目标无关性：用户不需要关心底层硬件的细节就可实现对数据包处理方式的编程描述。这一特性通过 P4 前后端编译器实现，前端编译器将 P4 高级语言程序转换成中间表示 IR，后端编译器将 IR 编译成设备配置，自动配置目标设备。
- 可重构性：允许用户随时改变包解析和处理的程序，并在编译后配置交换机，真正实现现场可重配能力。

为了实现上述特性，P4 语言的编译器采用了模块化的设计，各个模块之间的输入输出都采用标准格式的配置文件，如 p4c-bm 模块的输出可以作为载入到 bmv2 模块中的 JSON 格式配置文件。

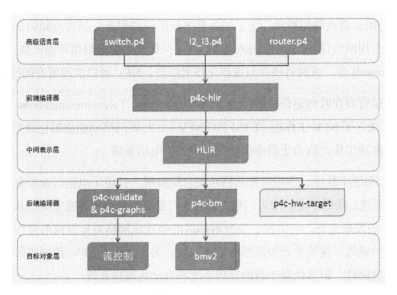

图 1-11　P4 的架构

P4 编译器本质上是将在 P4 程序中表达的数据平面的逻辑翻译成一个在特定可编程数据包处理硬件上的具体物理配置。因此，编译器后端部分自然与其支持的硬件目标紧密结合，而其前端部分则可以在各个 P4 可编程目标之间通用。这就意味着一个 P4 程序的具体实现可根据被编译的目标而改变。

P4 语言联盟是一个 P4 开源社区，由工业界和学术界成员组成。它有两个目标：定义 P4 语言的正式规范，维持开放源码的 P4 开发工具和 P4 的参考程序。

P4 语言联盟发布了一个 P4 参考程序"switch.p4"，它能实现各种流行的标准数据平面协议和功能，包括 L2 和 L3（IPv4 和 IPv6）转发、虚拟局域网（vLAN）、生成树协议（STP）、等价多路径、链路聚合、虚拟路由和转发（VRF）、IP 组播、多协议标签交换、各类隧道协议（如虚拟可扩展局域网、通用路由封装、IP-in-IP 和 Q-in-Q）、数据包镜像、服务质量控制、访问控制、RPF 验证、传输协议（TCP、UDP 等）。

1.2.4　ETSI 的 NFV 参考架构

由于电信运营商网络包括大量的专有硬件设备，如果运营商想要推出一个新的网络服务，如负载均衡或防火墙，就往往需要购置各种新硬件，之后再为这些新硬件匹配合适的空间和电力。能否以软件的方式解决这些问题？NFV（网络功能虚拟化）应运而生。

NFV 由运营商联盟提出，为了加速部署新的网络服务，运营商倾向于放弃笨重且昂贵的专用网络设备，转而使用标准的 IT 虚拟化技术拆分网络功能模块，如 DNS、NAT、Firewall 等。通过将硬件与虚拟化技术结合，NFV 可以实现所有的网络功能。

一些运营商在欧洲通信标准协会 ETSI（European Telecommunications Standards Institute）成立了 NFV 工作组（ETSI ISG NFV），开展网络功能虚拟化研究、标准制定和产业推动工作，致力于将虚拟化技术应用于电信领域。

NFV 系统中软件、虚拟层和网络功能分层解耦，打破了电信行业原有的"黑盒化"封闭系统，降低了电信准入门槛，有利于打造更具活力的生态系统，从根本上改变了 CT 的发展生态。一方面，充分解耦后的碎片化网络对运营商的管理和运维带来了巨大的挑战，这需要依赖新型的管理系统；另一方面，NFV 给网络带来极大的灵活性和敏捷性，但这依赖于新的管理系统和自动化编排系统。

如图 1-12 所示为 ETSI NFV 标准框架。

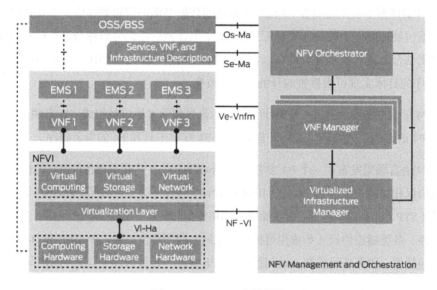

图 1-12　ETSI NFV 标准框架

其中，NFV infrastructure（NFVI）、MANO 和 VNF（Virtual Network Function）是顶层的概念实体。

NFVI 包含了虚拟化层（Hypervisor 或容器管理系统，如 Docker）及物理资源，如交换机、存储设备等。NFVI 可以跨越若干个物理位置进行部署，为这些物理站点提供数据连接的网络也成为 NFVI 的一部分。

VNF 与 NFV 虽然是三个同样的字母调换了顺序，但含义截然不同。NFV 是一种虚拟化技术或概念，解决了将网络功能部署在通用硬件上的问题；而 VNF 指的是具体的虚拟网络功能，提供某种网络服务，是一种软件，利用 NFVI 提供的基础设施部署在虚拟机、容器或物理机中。相对于 VNF，传统的基于硬件的网元可以称为 PNF。VNF 和 PNF 能够单独或混合组网，形成 Service Chain，提供特定场景下所需的 E2E（End-to-End）网络服务。

MANO 提供了 NFV 的整体管理和编排，向上接入 OSS/BSS（运营支撑系统/业务支撑系统），由 NFVO（NFV Orchestrator）、VNFM（VNF Manager）及 VIM（Virtualised Infrastructure Manager）虚拟化基础设施管理器三者共同组成。

编排（Orchestration）一词最早出现于艺术领域，指的是按照一定的目的对各种音乐、舞蹈元素进行排列，以期达到最好的效果。而引申到网络的范畴，编排则指以用户需求为目的，将各种网络服务单元进行有序的安排和组织，生成能够满足用户要求的服务。在 NFV 架构中，凡是带"O"的组件都有一定的编排作用，各个 VNF、PNF 及其他各类资源只有在合理编排下，在正确的时间做正确的事情，整个系统才能发挥应有的作用。

VIM 主要负责基础设施层虚拟化资源和硬件资源的管理、监控和故障上报，并面向上层 VNFM 和 NFVO 提供虚拟化资源池，负责虚拟机和虚拟网络的创建和管理，OpenStack 和 VMware 都可以作为 VIM。VNFM 负责 VNF 的生命周期管理，如上线、下线、状态监控。VNFM 基于 VNFD（VNF Descriptor，描述一个 VNF 模块部署与操作行为的配置模板）来管理 VNF。NFVO 负责 NS（Network Service）生命周期的管理和全局资源调度。

1.3 Linux 开源网络生态

乱花渐欲迷人眼，Linux 开源网络世界基本上可以用图 1-13 理个明白。

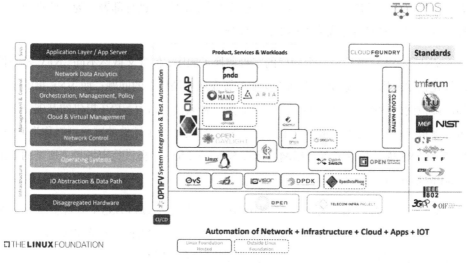

图 1-13 Linux 开源网络

1.3.1 开源硬件

大部分商业交换机是软硬件一体的，买 Cisco 就自带 NX-OS/iOS，买 H3C 就自带 Commvare。而白牌交换机的出现使得交换机可以选择操作系统成为可能，如同买 PC 可以安装 Windows，也可以安装 Linux 一样。

在 OCP 等开放组织、众多芯片商、ODM 商、互联网用户的推动下，业界已经在逐步走向开放。在此基础上，网络设备硬件的设计也正朝着模块化、开放标准化的方向革新，软硬件分离也成为一种趋势，如图 1-14 所示。

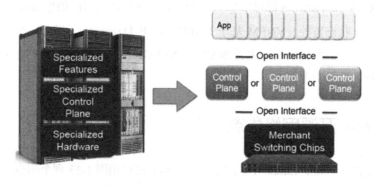

图 1-14 传统的网络设备硬件转换到软硬件分离的新模式

OCP 在 2013 年年中左右成立了 Networking 工作组，致力于构建开放标准化的数据中心网络相关技术。当前阶段主要聚焦在 TOR 上：首先联合芯片及硬件厂商制定 TOR 硬件标准，并推出开放网络安装环境（ONIE，Open Network Install Environment），试图解除交换机软硬件绑定的黑盒状态，形成硬件标准化、软硬件分离的新模式；其次试图将交换机进行 ASIC 抽象，去构建一个开放标准的 API 编程接口，屏蔽硬件芯片及平台差异，并最终促成开源网络操作系统的诞生。

2016 年 2 月，Facebook 成立了新的 TIP（Telecom Infra Project）项目，将运营商、基础设施提供商、系统集成商及其他的科技企业聚集到一起，共同合作发展新技术，用新技术改变传统的构建部署电信网络基础设施的方法，并运用开放的 OCP 模型刺激创新。

1.3.2 虚拟交换

1. DPDK

DPDK（Data Plane Development Kit）可提供高性能的数据包处理库和用户空间驱动程序。它不同于 Linux 系统以通用性设计为目的，而是专注于网络应用中数据包的高性能处理。具体体现在 DPDK 绕过了 Linux 内核协议栈对数据包的处理过程，运行在用户空间上利用自身提供的数据平面库来收发数据包。

在最近的一项研究中，使用 DPDK 的 OVS（Open vSwitch）平均吞吐量提高了 75%。该技术被英特尔公司推广，可以在多处理器上使用，并作为 EPA（Enhanced Platform Awareness，旨在加速数据平面）技术的一部分。EPA 除 DPDK 以外的主要技术是大页、NUMA 和 SR-IOV：大页通过减少页面查找提高 VNF 的效率；NUMA 确保工作负载使用处理器本地的内存；SR-IOV 可以使网络流量旁路管理程序，直接转到虚拟机。

2. OVS-DPDK

DVS 是一个具有工业级质量的多层虚拟交换机，它支持 OpenFlow 和 OVSDB 协议。通过可编程扩展，可以实现大规模网络的自动化（配置、管理和维护）。最初的 OVS 版本是通过 Linux 内核进行数据分发的，因而用户能够得到的最终吞吐量受限于 Linux 网络协议栈的性能。

OVS-DPDK 使用 DPDK 技术对 Open VSwitch 进行优化。OVS-DPDK 是用户态的 vSwitch，网络包直接在用户态进行处理。

3. FD.IO

FD.IO（Fast Data Input/Output）是 Linux 基金会旗下的开源项目，LFN 六大创始项目之一，成立于 2016 年 2 月 11 日。

FD.IO 在通用硬件平台上提供了具有灵活性、可扩展、组件化等特点的高性能 I/O 服务框架，该框架支持高吞吐量、低延迟、高资源利用率的用户空间 I/O 服务，并可适用于多种硬件架构和部署环境。

FD.IO 的关键组件来自 Cisco 捐赠的商用 VPP（Vector Packet Processing，矢量分组处理引擎）库。VPP 和 FD.IO 其他子项目如 NSH_ SFC、Honeycomb、ONE 等一起用于加速数据平面。

所谓 VPP 向量报文处理是与传统的标量报文处理相对而言的。传统报文处理方式的逻辑是：按照到达先后顺序来处理，第一个报文处理完，处理第二个，依次类推；函数会频繁嵌套调用，并最终返回。相比而言，向量报文处理则是一次并行处理多个报文，相当于一次处理一个报文数组，扩展了整个数据包集合的查找和计算开销，从而提高了效率。

1.3.3 Linux 操作系统

在 Linux 中，网络分为两个层次，分别是网络协议栈，以及接收和发送网络协议的设备驱动程序。网络协议栈是硬件中独立出来的部分，主要用来支持 TCP/IP 等多种协议，而网络设备驱动程序连接了网络协议栈和网络硬件设备。Linux 中与网络有关的实现主要有：

- 网络驱动程序。
- Linux VLAN：一种虚拟设备，只有绑定一个真实网卡才能完成实际的数据发送和接收。
- Linux Bridge（网桥）：工作于二层的虚拟网络设备，功能类似于物理的交换机。其他 Linux 网络设备可以被绑定到 Bridge 上作为从设备，并被虚拟化为端口。当一个从设备被绑定到 Bridge 上时，就相当于真实网络中的交换机端口插入了一个连接有终端的网线。
- Linux TCP/IP 协议栈：可以处理 IP、ICMP、ARP、TCP/UDP/SCTP 等协议。
- Linux Socket 函数库：从 Berkeley 大学开发的 BSD UNIX 系统中移植而来。网络的 Socket 数据传输是一种特殊的 I/O。
- Linux 应用层协议：处理更高层的协议，常用的有 DNS、HTTP、SSH、Telnet 等。

1.3.4 网络控制

为了更简洁、方便、友好地使用各种硬件资源，SDN 把网络设备的控制功能提取出来，统一放到其控制器（SDNC，SDN Controller）中，只保留其数据转发的功能，并抽象出一个网络操作系统的概念。

1. OpenDaylight

ODL（OpenDaylight）是由 Linux 基金会和多家行业巨头如 Cisco、Juniper 和 Broadcom 等公司一起创立的开源项目，其目的在于推出一个通用的 SDN 控制平台。

ODL 支持 OpenFlow、Netconf 和 OVSDB 等多种南向接口，是一个广义的 SDN 控制平台。ODL 支持分布式集群，不仅可以管理更大的网络，性能更好，还可以相互容灾备份，提升系统的可靠性。它包括一系列功能模块，可以动态地组合，提供不同的服务。

ODL 主要的功能模块有拓扑管理、转发管理、主机监测、交换机管理等。ODL 控制平台引入了模型驱动的设计思想，构建了服务抽象层 MD-SAL，是控制器模块化的核心，能够自动适配底层不同的设备，使开发者专注于业务应用的开发。

2. ONOS

ONOS（Open Network Operating System）顾名思义就是要定义一个开放的网络操作系统，其核心的服务对象是服务提供商。既然服务对象要达到运营商的级别，那么其重点就需要考虑可靠性与性能，并能够在白盒系统上创建高性能可编程的运营商网络。

ONOS 的北向接口抽象层和 API 可以使得应用开发变得更加简单，而通过南向接口抽象层和 API 则可以管控 OpenFlow 或传统设备。北向接口基于具有全局网络视图的框架,南向接口包括 OpenFlow 和 Netconf,以便能够管理虚拟和物理交换机。ONOS 的核心是分布式的,因此可以水平扩展,架构如图 1-15 所示。

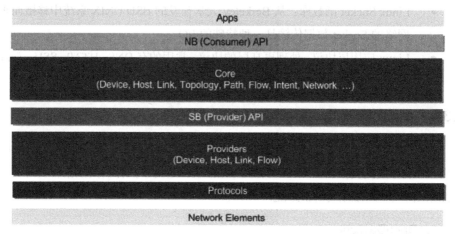

图 1-15 ONOS 架构

ONOS 在诞生之初就是为了对抗 ODL,希望能成为控制器的主流。目前主要的参与者包括 AT&T、CIENA、VERIZON、NTT、爱立信、华为、NEC、INTEL、富士通等。

3.Tungsten Fabric

Tungsten Fabric 是由 OpenContrail(由 Juniper 开源的 SDN 控制器)向 Linux 基金会迁移并更名而来的。Tungsten Fabric 是一个可扩展的多云网络平台,能够与包括 Kubernetes 和 OpenStack 在内的多个云平台集成,并且支持私有云、混合云和公有云部署。

1.3.5 云平台

1.OpenStack

2010 年 7 月,RackSpace 和美国国家航空航天局合作,分别贡献出 RackSpace 云文件平台代码和 NASA Nebula 平台代码,并以 Apache 许可证开源发布了 OpenStack 第一个版本 Austin,以 RackSpace 所在的美国德州(Texas)首府命名,计划每隔几个月发布一个全新版本,并且以 26 个英文字母为首字母,从 A~Z 顺序命名后面的版本代号。

第一版 Austin 仅有 Swift 和 Nova 两个项目，分别来自 RaceSpace 云文件平台和 NASA Nebula 平台，目的为云计算提供对象存储和计算平台。

在 2012 年 9 月的 Folsom 版本中，OpenStack 社区将 Nova 项目中的网络模块和块存储模块剥离出来，成立了两个新的核心项目，分别是 Quantum 和 Cinder。但由于商标版权冲突问题，后来经过提名投票评选 Quantum 被更名为 Neutron。

Neutron 通过插件的方式对众多的网络设备提供商进行支持，比如 Cisco、Juniper 等，同时也支持很多流行的技术，比如 Openvswitch、OpenDaylight 和 SDN 等。

Neutron 的插件分为 Core Plugin 和 Service Plugin 两类。Core Plugin 负责管理和维护 Neutron 的 Network、Subnet 和 Port 三类核心资源的状态信息，这些信息是全局的，只需要也只能由一个 Core Plugin 管理。Havana 版本中实现了 ML2(Modular Layer 2) Core Plugin 用于取代原有的 Core Plugin。对三类核心资源进行操作的 REST API 被 neutron-server 看作 Core API，由 Neutron 原生支持。

- Network：代表一个隔离的二层网段，是为创建它的租户而保留的一个广播域。Subnet 和 Port 始终被分配给某个特定的 Network。Network 的类型包括 Flat、VLAN、VxLAN、GRE 等。
- Subnet：代表一个 IPv4/v6 的 CIDR 地址池，以及与其相关的配置，如网关、DNS 等，该 Subnet 中的 VM 实例随后会自动继承该配置。Sunbet 必须关联一个 Network。
- Port：代表虚拟交换机上的一个虚机交换端口。VM 的网卡 VIF 连接 Port 后，会拥有 MAC 地址和 IP 地址。Port 的 IP 地址是从 Subnet 地址池中分配的。

Service Plugin 即为除 Core Plugin 以外其他的插件，包括 l3 router、firewall、loadbalancer、VPN、metering 等，主要实现 L3~L7 的网络服务。这些插件要操作的资源比较丰富，对这些资源进行操作的 REST API 被 neutron-server 看作 Extension API，需要厂家自行进行扩展。

2. Kubernetes

以前，想要在线上服务器中部署一个应用，首先需要购买一个物理服务器，在服务器上安装一个操作系统，然后安装应用所需要的各种依赖环境，最后才能进行应用的部署。

在虚拟化技术出现以后，在本地操作系统之上增加了一个 Hypervisor 层，通过 Hypervisor 层，可以创建不同的虚拟机，限定每个虚拟机能够使用的物理资源，并且每个虚拟机都是分离、独立的。例如，虚拟机 A 使用 1 个 CPU、4GB 内存、100GB 磁盘，虚拟机 B 使用 2 个 CPU、8GB 内存、200GB 磁盘等，从而实现物理资源利用率的最大化。如此一来，一台物理机就可以部署多个应用，每个应用都可以独立运行在一个虚拟机里。

但是，因为每一个虚拟机都是一个完整的操作系统，所以需要为其分配一定的物理资源，随着虚拟机数量的增多，操作系统本身消耗的资源势必增多。而且开发与运维的环境都比较复杂，比如前后端开发及测试，基于服务器或云环境运维等，这就导致了开发环境和线上环境的差异，开发环境与运维环境之间无法达到很好的衔接，在部署上线应用时，需要花时间处理环境不兼容的问题。

容器技术的出现解决了这样的问题。容器可以帮开发者把开发环境及应用整个打包带走，打包好的容器可以在任何的环境下运行，从而解决开发环境与运维环境不一致的问题。

容器技术正在成为对云计算领域具有深远影响的变革技术。作为容器的"重度玩家"，Google 在内部的成千上万台服务器上夜以继日地运行着无以计数的容器，并开发了 Borg 用于管理如此巨量的基础设施，而就在几年前，Borg 团队将多年积累的容器运行编排管理经验聚集到了一个名为 Kubernetes 的新项目之上并开源。2015 年，Google 将 Kubernetes 项目捐赠给新成立的 CNCF 基金会。

为了与 Borg 主题保持一致，Kubernetes 又被命名为"九之七项目"（Project Seven of Nine），这也是为什么 Kubernetes 的 Logo 有七条边。

Kubernetes，又称为 k8s（首字母为 k、首字母与尾字母之间有 8 个字符、尾字母为 s，所以简称为 k8s），或者简称为"kube"，设计初衷是在主机集群之间提供一个能够自动化部署、可扩展、应用容器可运营的平台。在整个 k8s 生态系统中，能够兼容大多数的容器技术实现，比如 Docker 与 Rocket。

如图 1-16 所示，与网络、存储、安全性、遥测和其他服务整合，Kubernetes 可以提供全面的容器基础架构。借助 Kubernetes 的编排功能，可以构建跨多个容器的应用服务,并且能够跨集群调度、扩展这些容器,长期、持续管理这些容器的健康状况。

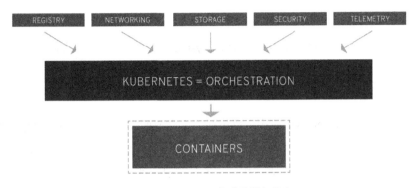

图 1-16　Kubernetes 与其他服务整合

1.3.6　网络编排

NFV 给网络带来极大的灵活性和敏捷性,但它们的实现依赖于新的管理系统和自动化编排系统。在 NFV 体系中,引入了全新的管理和编排系统——NFV MANO（NFV Management and Orchestration）系统,编排器作为其中的核心部件,是网络灵活调整和资源动态调度的关键,是下一代网管系统的核心。

NFV 编排器由两层构成:服务编排和资源编排,可以控制新的网络服务,并将 VNF 集成到虚拟架构中,NFV 编排器还能验证并授权 NFV 基础设施（NFVI）的资源请求。VNF 管理器能够管理 VNF 的生命周期。VIM 能够控制并管理 NFV 基础设施,包括了计算、存储和网络等资源。为了使 NFV MANO 行之有效,它必须与现有系统中的应用程序接口（API）集成,以便跨多个网络域使用多厂商技术。同样,OSS/BSS 也需要与 MANO 实现互操作。

1.3.7　网络数据分析

1. PNDA

2016 年 8 月 16 日,Linux 基金会发布了一个网络数据分析平台 PNDA（Platform for Network Data Analytics）。较早支持 PNDA 项目的公司包括 Cisco、Deepfield、FRINX、Intersec、Moogsoft、NGENA、Ontology、OpenDataSoft、Tupl 等。

PNDA 旨在通过集成、缩放和管理一组公开的数据处理技术,并提供部署分析应用和服务的端到端平台来降低复杂性。PNDA 能够支持批量的实时数据流探索和分析，甚至可以达到每秒数百万消息的规模。

2. SNAS

SNAS（Streaming Network Analytics System）是一个实时跟踪和分析网络路由拓扑数据的框架。系统将从网络的第 2 层和第 3 层挖掘和收集数据，包括 IP 信息、服务质量及物理和设备规范。

如图 1-17 所示，SNAS 架构主要包括一个高速的收集器、一个高性能的消息总线、消费者应用、数据库、RESTful API 及用户应用。高性能的收集器生成解析后的数据并发送给消息总线，消费者应用负责通过消息总线 API 将数据存储在数据库里，然后用户应用可以通过 RESTful API 访问数据库里的数据。

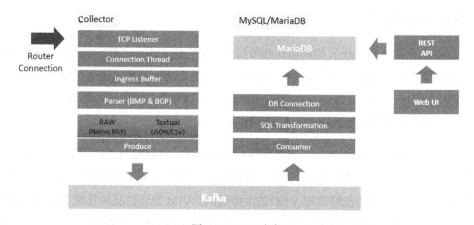

图 1-17　SNAS 架构

1.3.8　网络集成

OPNFV（Open Platform for NFV）是运营商级的开源网络集成参考平台。NFV 架构里包含多个开源组件，不同开源组件间的集成和测试非常关键。OPNFV 则提供了多组件持续开发、集成和测试的开源方案，并不断地向上游组织输出电信级 NFV 平台的增强特性。

OPNFV 目前已经集成了 OpenStack、ODL、ONOS、DPDK、ONAP、FD.IO 等多个关键组件，发布了 7 个版本、超过 60 多个集成套件和几十个自动化测试工具，为 NFV 集成和测试提供了大量开源参考方案和自动化框架。

第 2 章

Linux 虚拟网络

在一个传统的物理网络里,可能有一组物理 Server,上面分别运行着各种各样的应用,比如 Web 服务、数据库服务等。为了彼此之间能够互相通信,每组物理 Server 都拥有一个或多个物理网卡(NIC),这些 NIC 被连接在物理交换设备上,例如交换机(Switch),如图 2-1 所示。

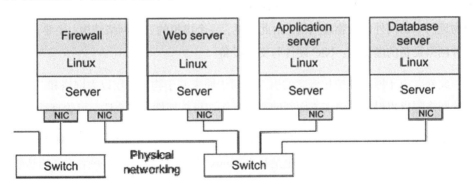

图 2-1 传统物理网络结构

在虚拟化技术被引入后,上述的多个应用可以按虚拟机的形式分享同一物理 Server,虚拟机的生成与管理由 Hypervisor 或 VMM 完成,于是图 2-1 所示的网络结构被演化为图 2-2。

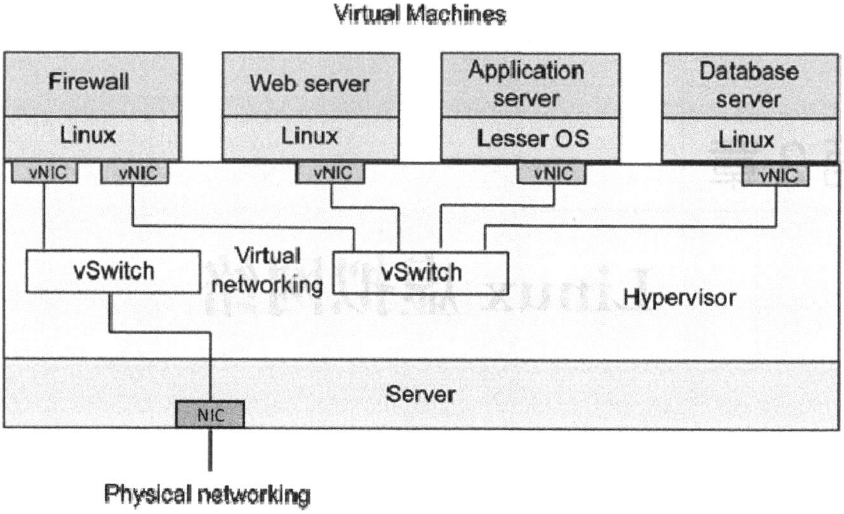

图 2-2 虚拟网络结构

虚拟机的网络功能由虚拟网卡（vNIC）提供，Hypervisor 可以为每个虚拟机创建一个或多个 vNIC。站在虚拟机的角度，这些 vNIC 等同于物理的网卡。为了实现与传统物理网络等同的网络结构，与 NIC 一样，Switch 也被虚拟化为虚拟交换机（vSwitch）。各个 vNIC 连接在 vSwitch 的端口上，最后这些 vSwitch 通过物理 Server 的物理网卡访问外部的物理网络。由此可见，一个虚拟的二层网络结构，主要是完成两种网络设备的虚拟化：NIC 硬件与交换设备。

此外，由于网络虚拟化概念的引入，对于原来基于物理二层以太网络和三层 IP 网的网络隔离也提出了诸多方面新的要求，例如可扩展性、安全性、可管理性等。

本章即对 Linux 环境下一些网络设备的虚拟化形式，以及组建虚拟化网络时涉及的主要技术进行介绍，这些内容也是基于 Linux 更深一步展开一切网络项目的基础。

2.1 TAP/TUN 设备

TAP/TUN 是 Linux 内核实现的一对虚拟网络设备，TAP 工作在二层，TUN 工作在三层，Linux 内核通过 TAP/TUN 设备向绑定该设备的用户空间应用发送数据；反之，用户空间应用也可以像操作硬件网络设备那样，通过 TAP/TUN 设备发送数据。

基于 TAP 驱动，即可以实现虚拟网卡的功能，虚拟机的每个 vNIC 都与 Hypervisor

中的一个 TAP 设备相连。当一个 TAP 设备被创建时，Linux 设备文件目录下将会生成一个与之对应的字符设备文件，用户空间应用可以像打开普通文件一样打开这个文件进行读写。

当对 TAP 设备文件执行 write() 操作时，对于 Linux 网络子系统来说，相当于位于内核空间的 TAP 设备收到了数据，Linux 内核收到此数据后将根据网络配置进行后续处理，处理过程类似于普通的物理网卡从外界收到数据。当用户空间应用执行 read() 请求时，相当于向内核查询 TAP 设备上是否有数据需要被发送，有的话则取出到用户空间里，从而完成 TAP 设备发送数据的功能。在这个过程中，TAP 设备可以被当成本机的一个网卡，而操作 TAP 设备的应用程序相当于另外一台计算机，它通过 read/write 系统调用，和本机进行网络通信。TAP/TUN 的数据传输过程如图 2-3 所示。

实际上，除了虚拟网卡的驱动，TAP/TUN 驱动程序还包括一个字符设备驱动，内核通过字符设备/dev/net/tun 与用户空间应用传递网络数据，同时，利用网卡驱动部分接收并发送来自 TCP/IP 协议栈的网络数据，或反过来将收到的网络数据传给协议栈处理。

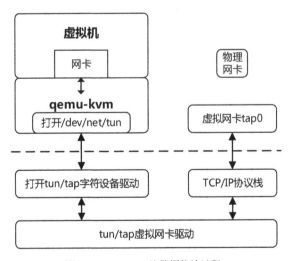

图 2-3　TAP/TUN 的数据传输过程

2.2 Linux Bridge

Linux Bridge（网桥）是工作在二层的虚拟网络设备，功能类似于物理的交换机。

对于普通的网络设备来说，只有两端，从一端进来的数据会从另一端出去，如物理网卡从外面物理网络收到的数据会转发给内核协议栈，而从内核协议栈过来的数据会转发到外面的物理网络中。而 Bridge 不同，Bridge 有多个端口，数据可以从任何端口进来，进来之后从哪个端口出去要看 MAC 地址，和物理交换机的原理类似。

Bridge 可以绑定其他 Linux 网络设备作为从设备，并将这些从设备虚拟化为端口，当一个从设备被绑定到 Bridge 上时，就相当于真实网络中的交换机端口插入了一个连接有终端的网线。

如图 2-4 所示，Bridge 设备 br0 绑定了真实设备 eth0 与虚拟设备 tap0/tap1。此时，对于 Hypervisor 的网络协议栈来说，只看得到 br0，并不会关心桥接的细节。当这些从设备接收数据包时，会将其提交给 br0 决定数据包的去向，br0 会根据 MAC 地址与端口的映射关系进行转发。

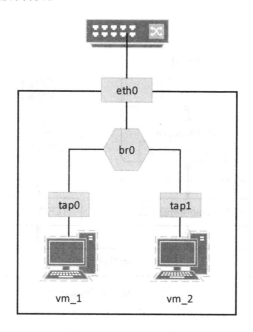

图 2-4　Linux Bridge 结构

因为 Bridge 工作在第二层，所以绑定在 br0 上的从设备 eth0、tap0 与 tap1 均不需要再设置 IP 地址，对上层路由器来说，它们都位于同一子网，因此只需为 br0 设置 IP 地址（Bridge 设备虽然工作于二层，但它只是 Linux 网络设备抽象的一种，能够设置 IP 地址也可以理解），比如 10.0.1.0/24。此时，eth0、tap0 与 tap1 均通过 br0 处于 10.0.1.0/24 网段。

因为具有自己的 IP 地址，br0 可以被加入路由表，并利用它发送数据，而最终实际的发送过程则由某个从设备来完成。此时相当于 Linux 拥有了另外一个隐藏的虚拟网卡和 Bridge 相连，IP 地址可以看成是这个网卡的，当有符合此 IP 地址的数据到达 Bridge 时，内核协议栈认为收到了一包目标为本机的数据，此时应用程序可以通过 Socket 接收它。

Bridge 的实现有一个限制：当一个设备被绑定到 Bridge 上时，该设备的 IP 地址会变得无效，Linux 不再使用该 IP 地址在三层接收数据。比如，如果 eth0 本来具有自己的 IP 地址 192.168.1.1，在绑定到 br0 之后，它的 IP 地址会失效，用户程序不再能接收或发送到这个 IP 地址的数据，只有目的地址为 br0 IP 的数据包才会被 Linux 接收。

2.3 MACVTAP

传统的 Linux 网络虚拟化技术采用的是 TAP+Bridge 方式，将虚拟机连接到虚拟的 TAP 网卡，然后将 TAP 网卡绑定到 Linux Bridge。这种解决方案实际上就是使用软件，用服务器的 CPU 模拟网络，但这种技术主要有三个缺点：

- 每台宿主机内都存在 Bridge 会使网络拓扑变得复杂，相当于增加了交换机的级联层数。
- 同一宿主机上虚拟机之间的流量直接在 Bridge 完成交换，使流量监控、监管变得困难。
- Bridge 是软件实现的二层交换技术，会加大服务器的负担。

针对云计算中的复杂网络问题，业界主要提出了两种技术标准进行扩展：802.1Qbg 与 802.1Qbh。802.1Qbh Bridge Port Extension 主要由 VMware 与 Cisco 提出，尝试从接入层到汇聚层提供一个完整的虚拟化网络解决方案，尽可能达到通过软件定义一个可控网络的目的。它扩展了传统的网络协议，因此需要新的网络设备支持，成本较高。

802.1Qbg Edge Virtual Bridging（EVB）主要由 HP 等公司提出，尝试以较低成本利用现有设备改进软件模拟的网络。802.1Qbg 的一个核心概念是 VEPA，它通过端口汇聚和数据分类转发，把宿主机上原来由 CPU 和软件来做的网络处理工作转移到接入层交换机上，减轻宿主机的 CPU 负载。同时，使得在一级的交换机上做虚拟机网络流量监控成为可能。

为支持这种新的虚拟化网络技术，Linux 引入了新的网络设备模型——MACVTAP，用来简化虚拟化环境下的桥接网络，代替传统的 TAP+Bridge 组合，同时支持新的虚拟化网络技术，如 802.1 Qbg。和 TAP 设备一样，每一个 MACVTAP 设备都拥有一个对应的 Linux 字符设备，因此能直接被 KVM/QEMU 使用，方便完成网络数据交换工作。

MACVTAP 的实现基于传统的 MACVLAN。MACVLAN 允许在主机的一个网络接口上配置多个虚拟的网络接口，这些网络接口有自己独立的 MAC 地址，也可以配置 IP 地址进行通信。MACVLAN 下的虚拟机或者容器和主机在同一个网段中，共享同一个广播域。MACVLAN 和 Bridge 比较相似，但因为它省去了 Bridge，所以配置和调试起来比较简单，而且效率也相对更高。

同一个物理网卡上的各个 MACVTAP 设备，都可以拥有属于自己的 MAC 地址和 IP 地址。使用 MACVTAP，实现如图 2-4 所示的网络拓扑，管理员不再需要建立网桥 br0，并且同时把物理网卡 eth0、连接虚拟机的 TAP 设备 tap0 和 tap1 加入网桥 br0 中，而只需要在物理网卡 eth0 上建立两个 MACVTAP 设备，并让虚拟机直接使用这两个 MACVTAP 设备就可以了。

MACVTAP 设备支持 3 种操作模式：

- VEPA 模式：VEPA 模式是默认模式。在这种模式下，两个在同一个物理网卡上的 MACVTAP 设备（都处于 VEPA 模式）通信，网络数据会从一个 MACVTAP 设备通过底层的物理网卡发往外界的交换机。此时，外界交换机必须支持 Hairpin 模式，只有这样才可以把网络数据重新送回物理网卡，传送给此物理网卡上的另一个 MACVTAP 设备。
- 桥接模式：在桥接模式下，同一个物理网卡上的所有桥接模式的 MACVTAP

设备直接两两互通，它们之间的通信，网络数据不会经过外界交换机。
- 私有模式：在私有模式时，类似于 VEPA 模式时外界交换机不支持 Hairpin 模式的情况。此时，同一个物理设备上的 MACVTAP 设备之间不能通信。

2.4　Open vSwitch

Open vSwitch 是一个具有产品级质量的虚拟交换机，它使用 C 语言进行开发，从而充分考虑了在不同虚拟化平台间的移植性，同时它遵循 Apache2.0 许可，因此对商用也非常友好。

如前所述，对于虚拟网络来说，交换设备的虚拟化是很关键的一环，vSwitch 负责连接 vNIC 与物理网卡，同时也桥接同一物理 Server 内的各个 vNIC。Linux Bridge 已经能够很好地充当这样的角色，为什么还需要 Open vSwith 呢？

在传统数据中心中，网络管理员通过对交换机的端口进行一定的配置，可以很好地控制物理机的网络接入，完成网络隔离、流量监控、数据包分析、Qos 配置、流量优化等一系列工作。

但是在云环境中，仅凭物理交换机的支持，管理员无法区分被桥接的物理网卡上流淌的数据包属于哪个 VM、哪个 OS 及哪个用户，Open vSwitch 的引入则使云环境中虚拟网络的管理以及对网络状态和流量的监控变得容易。

比如，我们可以像配置物理交换机一样，将接入到 Open vSwitch（Open vSwitch 同样会在物理 Server 上创建一个或多个 vSwitch 供各个虚拟机接入）上的各个 VM 分配到不同的 VLAN 中实现网络的隔离。也可以在 Open vSwitch 端口上为 VM 配置 Qos，同时 Open vSwitch 也支持包括 NetFlow、sFlow 很多标准的管理接口和协议，可以通过这些接口完成流量监控等工作。

此外，Open vSwitch 也提供了对 Open Flow 的支持，可以接受 Open Flow Controller 的管理。

总之，Open vSwitch 在云环境中的各种虚拟化平台上（比如 Xen 与 KVM）实现了分布式的虚拟交换机，一个物理 Server 上的 vSwitch 可以透明地与另一个 Server 上的 vSwitch 连接在一起，如图 2-5 所示。

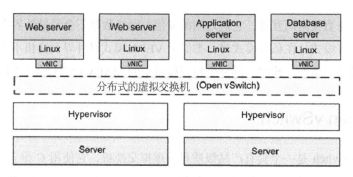

图 2-5　Open vSwitch

而 Open vSwitch 软件本身，则由内核态的模块以及用户态的一系列后台程序组成，其结构如图 2-6 所示。

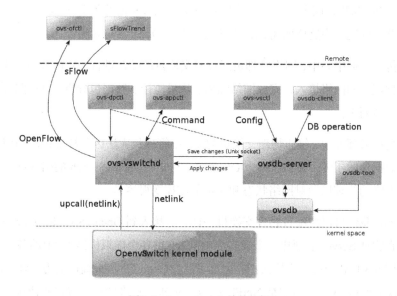

图 2-6　Open vSwitch 软件结构

其中 ovs-vswitchd 是最重要的模块，实现了虚拟机交换机的后台，负责与远程的 Controller 进行通信，例如通过 OpenFlow 协议与 OpenFlow Controller 通信，通过 sFlow 协议同 sFlow Trend 通信。此外，ovs-switchd 也负责同内核态模块通信，基于 netlink 机制下发具体的规则和动作到内核态的 datapath。datapath 负责执行数据交换，也就是把从接收端口收到的数据包在流表（Flow Table）中进行匹配，并执行匹配到的动作。每个 datapath 都和一个流表关联，当 datapath 接收数据后，会在流表中查找可以匹配的 Flow，执行对应的动作，比如转发数据到另外的端口。ovsdb-server 是一个轻量级的数据库服务器，主要用来记录被 ovs-switchd 的配置信息。

Open vSwitch 还包括了一系列的命令行工具，主要包括：

- ovs-vsctl：查询和更新 ovs-vswitchd 的配置信息。
- ovsdb-client：ovsdb-server 的客户端命令行工具。
- ovs-appctl：用来配置运行中的 Open vSwitch daemon。
- ovs-dpctl：用来配置内核模块中的 datapath。
- ovs-ofctl：通过 OpenFlow 协议查询和控制 OpenFlow 交换机和控制器。

2.5 Linux Network Namespace

Linux Namespace 提供了对系统资源的封装和隔离，处于不同 Namespace 的进程拥有独立的全局系统资源，改变一个 Namespace 中的系统资源只会影响当前 Namespace 里的进程，对其他 Namespace 中的进程没有影响。Linux 内核实现了多种不同类型的 Namespace，提供对不同类型资源的隔离。其中，Network Namespace 提供了对网络资源的隔离，每一个 Network Namespace 都拥有自己独立的网络栈、单独的网络设备、IP 地址和端口号、IP 路由表、防火墙规则、/proc/net 目录。

事实上，如果不考虑内存、CPU 等其他共享的资源，仅从网络的角度来看，Network Namespace 就和一台虚拟机一样，它可以在一台机器上模拟出多个完整的协议栈。如图 2-7 所示为 Linux Nexwork Namespace 结构。

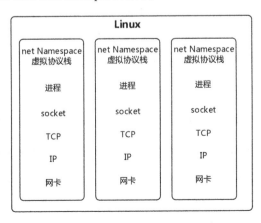

图 2-7　Linux Network Namespace 结构

每个新的 Network Namespace 都默认有一个本地回环 LO 接口，此外，所有的其他网络设备，包括物理/虚拟网络接口、网桥等，只能属于一个 Network Namespace，每个 Socket 也只能属于一个 Network Namespace。当新的 network namespace 被创建时，LO 接口默认是关闭的，需要自己手动启动。

创建 Network Namespace 也非常简单，使用 ip netns add 后面跟着要创建的 Namespace 名称，如果相同名字的 Namespace 已经存在，会产生"Cannot create namespace"的错误。

```
$ ip netns add ns1
# 查看所有的 network namespace
$ sudo ip netns list
ns1
```

ip netns 命令创建的 Network Namespace 会出现在 /var/run/netns/ 目录下，如果需要管理其他不是 ip netns 创建的 Network Namespace，只要在这个目录下创建一个指向对应 Network Namespace 文件的链接就可以。

ip 命令提供了 ip netns exec 子命令，可以在对应的 Network Namespace 中执行，比如要看 Network Namespace 中有哪些网卡。

```
# 在 network namespace ns1 下运行命令
$ ip netns exec ns1 ip addr
1: lo: <LOOPBACK> mtu 65536 qdisc noop state DOWN group default qlen 1
link/loopback 00:00:00:00:00:00 brd 00:00:00:00:00:00
```

而且，要执行的可以是任何命令，不只是和网络相关（和网络无关的命令执行的结果和在外部执行没有区别）。例如在下面例子中，执行 bash 命令之后，后面所有的命令都是在这个 Network Namespace 中执行的，好处是不用每次执行命令都要把 ip netns exec NAME 补全，缺点是无法清楚地知道自己当前所在的 shell，容易混淆。

```
# 在 network namespace ns1 下运行多条命令
$ ip netns exec ns1 bash
$ ip link set dev lo up
$ ip address
1: lo: <LOOPBACK,UP,LOWER_UP> mtu 65536 qdisc noqueue state UNKNOWN group default qlen 1
link/loopback 00:00:00:00:00:00 brd 00:00:00:00:00:00
inet 127.0.0.1/8 scope host lo
   valid_lft forever preferred_lft forever
```

```
  inet6 ::1/128 scope host
     valid_lft forever preferred_lft forever
$ ping 127.0.0.1 -c1
PING 127.0.0.1 (127.0.0.1) 56(84) bytes of data.
64 bytes from 127.0.0.1: icmp_seq=1 ttl=64 time=0.084 ms
--- 127.0.0.1 ping statistics ---
1 packets transmitted, 1 received, 0% packet loss, time 0ms
rtt min/avg/max/mdev = 0.084/0.084/0.084/0.000 ms
$ ip netns identify $$    #显示当前 bash 所在的 Network Namespace
Ns1
$ exit
```

有了不同的 Network Namespace 后，也就有了网络的隔离，但如果它们之间没有办法通信，也没有实际用处。要把两个网络连接起来，Linux 提供了 VETH pair。如前所述，可以把 VETH pair 当作双向的管道，从一端发送的网络数据，可以直接被另外一端接收到，也可以想象成两个 Namespace 直接通过一个特殊的虚拟网卡连接起来，可以直接通信。

可以使用 ip link add type veth 创建一对 VETH pair，系统自动生成 VETH0 和 VETH1 两个网络接口，如果需要指定它们的名字，则可以使用 ip link add vethfoo type veth peer name vethbar，此时创建出来的两个名字就是 vethfoo 和 vethbar。需要记住的是 VETH pair 无法单独存在，删除其中一个，另一个也会自动消失。

```
# 创建 VETH 设备对 veth0/veth1
$ ip link add veth0 type veth peer name veth1
$ ip address
1: lo: <LOOPBACK> mtu 65536 qdisc noop state DOWN group default qlen 1
    link/loopback 00:00:00:00:00:00 brd 00:00:00:00:00:00
2: veth1@veth0: <BROADCAST,MULTICAST,M-DOWN> mtu 1500 qdisc noop state DOWN group default qlen 1000
    link/ether fa:0e:cc:64:90:81 brd ff:ff:ff:ff:ff:ff
3: veth0@veth1: <BROADCAST,MULTICAST,M-DOWN> mtu 1500 qdisc noop state DOWN group default qlen 1000
    link/ether 0a:c9:cc:b2:9b:c3 brd ff:ff:ff:ff:ff:ff
# 为 VETH 设备对设置 IP 地址
$ ip address add 10.0.1.1/24 dev veth0
$ ip address add 10.0.1.2/24 dev veth1
```

然后，可以把这对 VETH pair 分别放到创建的两个 Namespace 里，可以使用 ip link set DEV netns NAME 来实现。

```
# 把设备 veth1 加入 Network Namespace ns 中
$ ip link set veth1 netns ns1
$ ip netns exec ns1 ip link show veth1
6: veth1@if7: <BROADCAST,MULTICAST> mtu 1500 qdisc noop state DOWN mode DEFAULT group default qlen 1000
   link/ether fa:0e:cc:64:90:81 brd ff:ff:ff:ff:ff:ff link-netnsid 0
```

如图 2-8 所示，创建两个 Network Namespace，分别命名为 net0 与 net1，同时创建了 VETH pair 对 veth0 与 veth1，将它们分别加入 net0 与 net1，将两个 Network Namespace 连接起来。

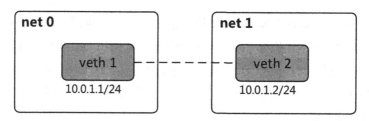

图 2-8 使用 VETH pair 连接两个 Network Namespace

虽然 VETH pair 可以实现两个 Network Namespace 之间的通信，但是当多个 Namespace 需要通信的时候，就无能为力了。涉及多个网络设备之间的通信，首先想到的是交换机和路由器。因为这里要考虑的只是同一个网络，所以只用到交换机的功能，也就是前面所述的网桥。

和网桥有关的操作可以使用命令 brctl，这个命令来自 bridge-utils 包。

```
# 创建 Bridge
$ brctl addbr br0
# 配置 Bridge 的 IP 地址
$ ip address add 192.168.0.1/24 dev br0
# 启动 Bridge
$ ip link set dev br0 up
# 查看 Bridge 的 IP 地址
$ ip address show br0
8: br0: <BROADCAST,MULTICAST,UP,LOWER_UP> mtu 1500 qdisc noqueue state UP group default qlen 1000
   link/ether ae:96:a0:e7:a7:86 brd ff:ff:ff:ff:ff:ff
   inet 192.168.0.1/24 scope global mybridge
      valid_lft forever preferred_lft forever
   inet6 fe80::449:41ff:fe87:55bf/64 scope link
      valid_lft forever preferred_lft forever
```

然后可以创建 VETH pair，比如 veth0 与 veth1，并将一个 VETH 接口 veth0 加入 Network Namespace，另一个 VETH 接口 veth1 加入 Bridge。

```
# 添加 VETH 设备 veth1 到 br0 中
$ brctl addif br0 veth0
# 查看 Bridge 信息
$ brctl show
bridge name     bridge id               STP enabled     interfaces
br0             8000.ae96a0e7a786       no              veth1

# 从 veth0 设备发送数据
$ ping -I veth0 192.168.0.1
PING 192.168.0.1 (192.168.0.1) from 192.168.0.2 veth1: 56(84) bytes of data.

$ 在新的命令行窗口中侦听 br0 中的数据,可以看到从 veth0 设备的 MAC 地址 fa:0e:cc:64:90:81 发送来的数据包
$ tcpdump -i br0 -elnv
tcpdump: listening on br0, link-type EN10MB (Ethernet), capture size 262144 bytes
11:33:44.577321 fa:0e:cc:64:90:81 > ff:ff:ff:ff:ff:ff, ethertype ARP (0x0806), length 42: Ethernet (len 6), IPv4 (len 4), Request who-has 192.168.0.1 tell 192.168.0.2, length 28
```

如图 2-9 所示，创建三个 Network Namespace 分别为 net0、net1 与 net2，同时创建有 Bridge br0，以及各个 Network Namespace 与 br0 之间连接的 VETH pair，br0 将 net0、net1 与 net2 连接起来。

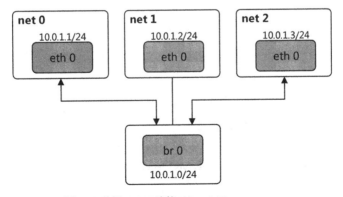

图 2-9　使用 Bridge 连接 Network Namespace

2.6 iptables/NAT

网络地址转换（NAT，Network Address Translation）是一种在 IP 数据包通过路由器或防火墙时重写来源 IP 地址或目的 IP 地址的技术。这种技术被普遍使用在有多台主机通过一个公有 IP 地址访问外部网络的私有网络中，NAT 也可以被称作 IP 伪装（IP Masquerading），可以分为目的地址转换（DNAT）和源地址转换（SNAT）两类。

DNAT 主要用在从公网访问内部私网的网络数据流中。比如从公网访问地址为 IP1 的公网 IP 地址，NAT 网关根据设定的 DNAT 规则，把 IP 数据报文包头内的目的 IP 地址 IP1 修改为内部的私网 IP 地址 192.168.1.10，从而把 IP 数据报文发送给地址为 192.168.1.10 的内部服务器。DNAT 可以用来将内部私网服务器上的服务暴露给公网使用。

SNAT 主要应用在从内部私网访问公网的网络数据流中。比如内部私网 IP 地址为 192.168.1.20 的机器想访问外部公网 IP 地址为 IP2 的服务，NAT 网管根据设定的 SNAT 规则，把 IP 数据报文包头内的源 IP 地址 192.168.1.20 修改为 NAT 网关自己的公网 IP 地址 IP1。这样内网中没有公网 IP 地址的机器也能访问外部公网中的服务了。

Linux 中的 NAT 功能一般通过 iptables 实现。iptables 是基于 Linux 内核的功能强大的防火墙。iptables/netfilter 在 2001 年加入到 2.4 内核中，netfilter 作为 iptables 内核底层的实现框架而存在，它们之间的关系如图 2-10 所示。

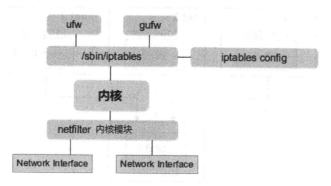

图 2-10 iptables 与 netfilter 的关系

netfilter 提供了一整套对 hook 函数管理的机制，可以在数据包流经的 5 处关键地方（Hook 点），分别是 PREROUTING（路由前）、INPUT（数据包入口）、OUTPUT

（数据包出口）、FORWARD（数据包转发）、POSTROUTING（路由后），写入一定的规则对经过的数据包进行处理，规则一般的定义为"如果数据包头符合这样的条件，就这样处理数据包"。

可以说 iptables/netfilter 是按照规则来工作的，这些规则分别指定了源地址、目的地址、传输协议（如 TCP、UDP、CMP）和服务类型（如 HTP、FP 和 SMTP）等。数据包与规则匹配时，iptables 就根据规则定义的方法处理这些数据包，比如放行、拒绝和丢弃等。配置防火墙的主要工作就是添加、修改和删除这些规则。

在每个关键点上，有很多已经按照优先级预先注册了的回调函数进行埋伏，设置的这些规则，就形成了一条链。INPUT 规则链匹配目的地址是本机 IP 地址的数据报文，OUTPUT 规则链匹配由本地进程发出的数据报文，FORWARD 规则链匹配流经本机的数据报文，PREROUTING 规则链用来实现目的地址转换 DNAT，POSTROUTING 规则链可以用来实现源地址转换 SNAT。它们的工作流程如图 2-11 所示。

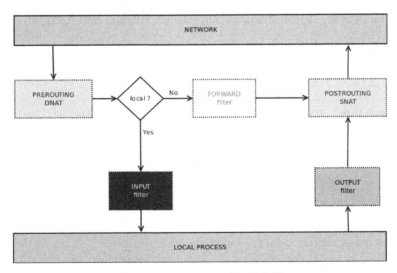

图 2-11　iptables/netfilter 的工作流程

防火墙为了达到"防火"的目的，就需要在内核中设置关卡，所有进出的报文都要通过这些关卡。经过检查后，符合放行条件的才能放行，符合阻拦条件的则需要被阻止。而这些关卡就是所谓的规则链。

每个"链"上都放置了一串规则，但是这些规则有些很相似，例如 A 类规则都是对 IP 地址或者端口的过滤，B 类规则是修改报文。此时能把实现相同功能的规则放在一起组成"表"。如此一来，不同功能的规则，可以放置在不同的表中进行管理。

如图 2-12 所示，iptables 主要包含了 FILTER、NAT 和 MANGLE 三张常用表，分别负责数据包的过滤、网络地址转换及数据包内容的修改。

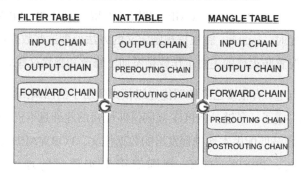

图 2-12　iptables 常用表

下面是一些 iptables 命令的使用示例：

```
# 目的地址转换，从网络设备 ppp0 来的所有 TCP 目的端口为 81 的数据包，进行 DNAT，送往 192.168.0.2
# 机器的 TCP 80 目的端口
$ iptables -t nat -A PREROUTING -i ppp0 -p tcp --dport 81 -j DNAT --to 192.168.0.2:80

# 源地址转换，源地址为 192.168.0.0/24 网段来的 IP 数据包，进行 SNAT，将其源地址改为本机公网 IP
# 地址 1.1.1.1
$ iptables -t nat -A POSTROUTING -s 192.168.0.0/24 -j SNAT --to 1.1.1.1

# 列出 NAT 表中规则
$ iptables -t nat -L -n
Chain PREROUTING (policy ACCEPT)
target     prot opt source               destination
DNAT       tcp  --  0.0.0.0/0            0.0.0.0/0           tcp dpt:81 to:192.168.0.2:80

Chain INPUT (policy ACCEPT)
target     prot opt source               destination

Chain OUTPUT (policy ACCEPT)
target     prot opt source               destination
```

```
Chain POSTROUTING (policy ACCEPT)
target     prot opt source               destination
SNAT       all  --  192.168.0.0/24       0.0.0.0/0       to:1.1.1.1

# 删除 SNAT 规则
$ iptables -t nat -D POSTROUTING -s 192.168.0.0/24 -j SNAT --to 1.1.1.1

# 动态 IP SNAT
$ iptables -t nat -A POSTROUTING -s 192.168.0.0/24 -j MASQUERADE
```

2.7 虚拟网络隔离技术

随着网络虚拟化概念的引入，从可扩展性、安全性、可管理型性等多方面对网络隔离提出了新的要求。应对这些要求，可以使用两种不同类型的技术 VLAN 和隧道网络来实现。

2.7.1 虚拟局域网（VLAN）

LAN（Local Area Network，本地局域网）中的计算机通常使用 Hub 和 Switch 连接。一般来说，两台计算机连入同一个 Hub 或 Switch 时，它们就在同一个 LAN 中。一个 LAN 表示一个广播域，含义就是：LAN 中的所有成员都会收到任意一个成员发出的广播包。

VLAN（Virtual LAN，虚拟局域网）表示一个带有 VLAN 功能的 Switch 能将自己的端口划分出多个 LAN。计算机发出的广播包可以被同一个 LAN 中的其他计算机收到，但位于其他 LAN 的计算机则无法收到。简单地说，VLAN 将一个交换机在逻辑上分成了多个交换机，限制了广播的范围，在二层将计算机隔离到不同的 VLAN 中。

比如说，有两组机器 Group A 和 B，我们希望 A 中的机器可以相互访问，B 中的机器也可以相互访问，但是 A 和 B 中的机器无法互相访问有两种方法。一种方法是使用两个交换机，A 和 B 分别接到一个交换机。另一种方法是使用一个带 VLAN 功能的交换机，将 A 和 B 中的机器分别放到不同的 VLAN 中。需要注意的是，VLAN 实现的只是二层的隔离，A 和 B 无法相互访问指的是二层广播包（比如 arp）无法跨越 VLAN 的边界，但在三层上（比如 IP 地址）是可以通过路由器让 A 和 B

互通的。

使用 VLAN，能够更好地控制广播风暴，提高网络整体的安全性，也能使网络管理更加简单直观。不同的 VLAN 由 VLAN tag（VID）标明，IEEE 802.1Q 规定了 VLAN tag 的格式。因此，在 Linux 上使用 VLAN，需要加载 8021q 的内核模块：

```
# 加载 VLAN 内核模块
$ modprobe 8021q
# 创建 VLAN 接口
$ ip link add link eno1 name eno1.10 type vlan id 10
```

现在的交换机几乎都是支持 VLAN 的。交换机的端口通常有两种配置模式：Access 和 Trunk，如图 2-13 所示。

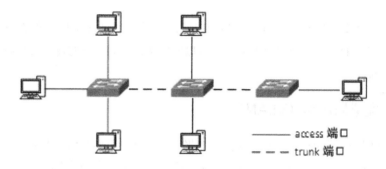

图 2-13　交换机 Access 端口和 Trunk 端口

其中，Access 端口被打上了 VLAN tag，表明该端口属于哪个 VLAN，Access 口只能属于一个 VLAN。Access 端口都是直接与计算机网卡相连的，这样从该网卡出来的数据包流入 Access 端口后就被打上了所在的 VLAN tag。

Trunk 端口一般用于交换机之间的连接，可以允许多个 VLAN 通过，可以接收和发送多个 VLAN 的报文。如果划分了 VLAN，但是没有配置 Trunk，那么交换机之间的每个 VLAN 间通信都要通过一条线路来实现。

对 Linux 环境来说，如图 2-14（a）所示，可以通过 Linux Bridge、物理网卡等模拟交换机的 VLAN 环境。eth0 是宿主机上的物理网卡，有一个命名为 eth0.10 的子设备与之相连。eth0.10 就是 VLAN 设备，其 VLAN ID 就是 VLAN 10。eth0.10 挂在命名为 brvlan10 的 Linux Bridge 上，虚拟机 VM1 的虚拟网卡 vent0 也挂在 brvlan10 上。

这样配置的效果等同于宿主机用软件实现了一个虚拟交换机,上面定义了一个 VLAN10,eth0.10 和 vnet0 都分别接到 VLAN10 的 Access 端口上。而 eth0 就相当于一个 Trunk 端口,VM1 通过 vnet0 发出来的数据包会被打上 VLAN10 的标签。

但是 Linux 在 VLAN 模拟上有一个不足,即需要多少个 VLAN,就得创建多少个 Bridge,Trunk 端口也需要创建同样数量的类似 eth0.10 的虚口。这是由于 Bridge 的转发表没有 VLAN tag 的维度,要实现不同 VLAN 独立转发,只能使用多个 Bridge 实例实现转发表的隔离,如图 2-14(b)所示。这里面,eth0.10 的作用是定义了 VLAN10,而 brvlan10 的作用是 Bridge 上的其他网络设备自动加入到 VLAN10 中。

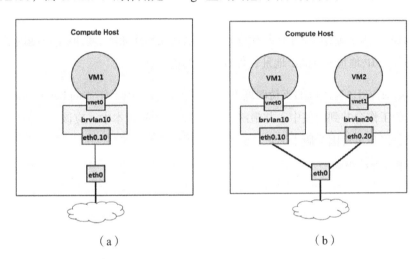

图 2-14　Linux VLAN

2.7.2　虚拟局域网扩展(VxLAN)

VxLAN(Virtual Extensible Local Area Network,虚拟局域网扩展)是基于隧道(Tunnel)的一种网络虚拟化技术。隧道是一个虚拟的点对点的连接,提供了一条通路使封装的数据报文能够在这个通路上传输,并且在通路的两端分别对数据报文进行封装及解封装。某个协议的报文要想穿越 IP 网络在隧道中传输,必须要经过封装与解封装两个过程。隧道提供了一种某一特定网络技术的 PDU 穿过不具备该技术转发能力的网络的手段,如组播数据包穿过不支持组播的网络。

VxLAN 将二层报文用三层协议进行封装,可以对二层网络在三层范围内进行扩展。如图 2-15 所示,把二层网络的整个数据帧封装在 UDP 报文中,送到 VxLAN 隧道对端。隧道对端的虚拟或者物理网络设备再将其解封装，取出里面的二层网络数据帧发送给真正的目的节点。

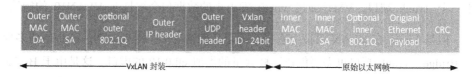

图 2-15　VxLAN

VxLAN 协议头使用了 24bit 表示 VLAN ID，可以支持 1600 多万个 VLAN ID。RFC 协议 7348 号中定义了 VxLAN 协议。

VxLAN 应用于数据中心内部，使虚拟机可以在互相连通的三层网络范围内迁移，而不需要改变 IP 地址和 MAC 地址，保证业务的连续性。

Linux 对 VxLAN 协议的支持时间并不是很久，直到 2012 年 Stephen Hemminger 才把相关的工作合并到内核中，并最终出现在 3.7.0 内核版本中，应该尽量使用新版本的内核，以免出现因为版本太低导致功能或者性能上的问题。

```
# 创建 VxLAN 接口
$ ip link add vxlan-10 type vxlan id 10 remote 10.239.12.13 dev eno1
$ ip -d link show vxlan-10
122: vxlan-10: <BROADCAST,MULTICAST> mtu 1450 qdisc noop state DOWN mode DEFAULT group default qlen 1000
    link/ether 52:8a:79:c5:5d:d0 brd ff:ff:ff:ff:ff:ff promiscuity 0
    vxlan id 10 remote 10.239.12.13 dev eno1 srcport 0 0 dstport 8472 ageing 300 addrgenmode eui64
# 启动 VxLAN 接口
$ ip link set dev vxlan-10 up
# 向 VlAN 接口发送数据
$ ping -I vxlan-10 10.0.0.4
#在新的命令行窗口中侦听网卡 eno1 中的数据，可以看到带有 VxLAN VNI 为 10 的 UDP 数据包
$ sudo tcpdump -i eno1 -elvn  -T vxlan udp port 8472
tcpdump: listening on eno1, link-type EN10MB (Ethernet), capture size 262144 bytes
   19:07:17.681379 ec:a8:6b:f9:d4:2c > 48:0f:cf:3a:f1:dc, ethertype IPv4 (0x0800), length 92: (tos 0x0, ttl 64, id 18208, offset 0, flags [none], proto UDP (17), length 78)
       10.239.12.12.33697 > 10.239.12.13.8472: VXLAN, flags [I] (0x08), vni 10
       52:8a:79:c5:5d:d0 > ff:ff:ff:ff:ff:ff, ethertype ARP (0x0806), length 42: Ethernet (len 6), IPv4 (len 4), Request who-has 10.0.0.4 tell
```

10.239.12.12, length 28

2.7.3 通用路由封装 GRE

GRE（RFC1701）也是基于隧道的一种网络虚拟化技术。与 VxLAN 相比，GRE 使用的是 IP 报文而非 UDP 作为传输协议。同时，不同于 VxLAN 只能封装二层以太网数据帧，GRE 可以封装多种不同的协议，包括 IP 报文（RFC2784，RFC2890）、ARP、以太网帧（NVGRE，RFC 7637）等。

如图 2-16 所示，GRE 包头中的 type 字段，可以指明被封装的数据包类型，例如 IP 报文（0x0800）、以太网帧（0x6558）等。同时，使用 GRE 包头中的 key 字段，可以区分不同虚拟网络的 ID（类似于 VxLAN 的 VNI 和 VLAN 中的 tag），从而达到隔离不同虚拟网络的目的。

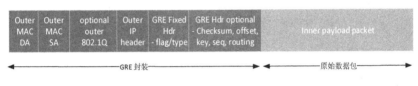

图 2-16　GRE

如图 2-17 所示，在 GRE 隧道中，路由器会在封装数据包的 IP 头部指定要携带的协议，并建立到对端路由器的虚拟点对点连接。其中，Passenger 协议表示要封装的乘客协议，比如 IPX、AppleTalk、IP、IPSec、DVMRP 等，Carrier 协议表示封装乘客协议的 GRE 协议，插入 Transport 和 Passenger 协议之间，在 GRE 包头中定义了传输的协议，Transport 协议表示 IP 协议携带了封装的乘客协议，这个传输协议通常实施在点对点的 GRE 连接中（GRE 是无连接的）。

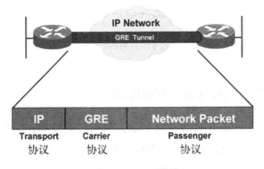

图 2-17　GRE 隧道

相比于 VxLAN，GRE 更加灵活，可以支持的协议也更多。但是目前物理网卡支持 GRE 协议的还不是很多，大部分 GRE 协议的处理还要依靠主机 CPU，会增加 CPU 的负载。

```
# 创建 GRE 接口
$ ip tunnel add gre-10 local 10.239.12.12 remote 10.239.36.6 key 10
$ ip -d link show gre-10
125: gre-10@NONE: <POINTOPOINT,NOARP> mtu 1472 qdisc noop state DOWN mode DEFAULT group default qlen 1
    link/gre 10.239.12.12 peer 10.239.36.6 promiscuity 0
    gre remote 10.239.36.6 local 10.239.12.12 ttl inherit ikey 0.0.0.10 okey 0.0.0.10 addrgenmode eui64
# 显示当前所有的隧道
$ ip tunnel
gre0: gre/ip  remote any  local any  ttl inherit  nopmtudisc
gre-10: gre/ip  remote 10.239.36.6  local 10.239.12.12  ttl inherit key 10
# 启动 GRE 接口
$ ip link set dev gre-10 up
# 向 GRE 接口发送数据
$ ping -I gre-10 10.0.0.4
# 在新的命令行窗口中侦听网卡 eno1 中的数据,可以看到带有 GRE key 为 10 的 IP 数据包
$tcpdump -i eno1 -elnv host 10.239.36.6
tcpdump: listening on eno1, link-type EN10MB (Ethernet), capture size 262144 bytes
    11:13:56.899491 ec:a8:6b:f9:d4:2c > 00:00:0c:07:ac:0c, ethertype IPv4 (0x0800), length 126: (tos 0x0, ttl 64, id 65465, offset 0, flags [DF], proto GRE (47), length 112)
    10.239.12.12 > 10.239.36.6: GREv0, Flags [key present], key=0xa, proto IPv4 (0x0800), length 92
        (tos 0x0, ttl 64, id 1152, offset 0, flags [DF], proto ICMP (1), length 84)
    10.239.12.12 > 10.10.10.4: ICMP echo request, id 21014, seq 101, length 64
```

2.7.4 通用网络虚拟化封装（Geneve）

为了应对 VLAN 只能有 4094 的上限，利用隧道技术，产生了诸如 VxLAN、NVGRE、STT（无状态传输隧道）等多种技术来实现虚拟网络的隔离要求。但是这类技术互相不能兼容，所以提出了通用网络虚拟化封装 Geneve（Generic Network

Virtualization Encapsulation）。

Geneve 技术的 RFC 正式标准还没产生，还处于 IETF 草案的阶段。Geneve 主要的目的是适应虚拟网络技术的发展和隔离要求，定义一种通用的网络虚拟化隧道封装协议，能够尽可能地兼容目前的 VxLAN、NVGRE 等正式 RFC 标准的功能，并且提供高可扩展性来应对以后虚拟网络技术的发展。

Geneve 综合了 VxLAN 和 NVGRE 两者的特点，首先使用了 UDP 作为传输协议，同时吸收了 GRE 可以封装多种不同类型的数据包的优点。Geneve 封装以太网帧的案例如图 2-18 所示。

图 2-18　GENEVE 封装以太网帧的案例

Geneve 包头中有一个 24bit 的 VNI 字段，可以用来指定不同的虚拟网络 ID。同时，包头中也有 type 字段，用来指定封装的内部报文协议。

第 3 章

高性能数据平面

数据平面的性能在很大程度上取决于网络 I/O 的性能,而网络数据包从网卡到用户空间的应用程序需要经历多个阶段,如图 3-1 所示。

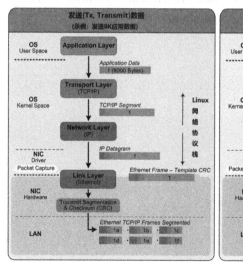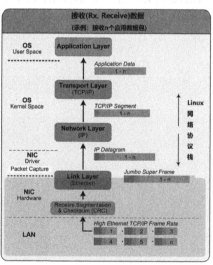

图 3-1　Linux 网络数据包的处理流程

当数据包到达网卡后,通过 DMA(Direct Memory Access)复制到主机的内存空间并触发中断,网络协议栈处理完数据分组后再交由用户空间的应用程序进行处理,整个过程的多个阶段都存在着不可忽视的开销,主要有以下几点。

（1）网卡中断

轮询与中断是操作系统与硬件设备进行 I/O 通信的两种主要方式。在一般情况下，网络数据包的到来都是不可预测的，若采用轮询模式，则会造成很高的 CPU 负载，因此主流操作系统都会采用中断的方式来处理网络的请求。

然而，随着高速网络接口等技术的迅速发展，10 Gbit/s、40 Gbit/s 甚至 100 Gbit/s 的网络接口已经出现。随着网络 I/O 速率的不断提升，网卡面对大量的高速数据分组将会引发频繁的中断，每次中断都会引起一次上下文切换（从当前正在运行的进程切换到因等待网络数据而阻塞的进程），操作系统都需要保存和恢复相应的上下文，造成较高的时延，并引起吞吐量下降。

（2）内存拷贝

为了使位于用户空间的应用程序能够处理网络数据，内核首先需要将收到的网络数据从内核空间拷贝到用户空间，同样，为了能够发送网络数据，也需要进行从用户空间到内核空间的数据拷贝。每次拷贝都会占用大量的 CPU、内存带宽等资源，代价昂贵。

（3）锁

在 Linux 内核的网络协议栈实现中，存在大量的共享资源访问。当多个进程需要对某一共享资源进行操作时，就需要通过锁的机制来保证数据的一致。然而，为共享资源上锁或者去锁的过程中通常需要几十纳秒。此外，锁的存在也降低了整个系统的并发性能。

（4）缓存未命中

缓存能够有效提高系统性能，如果因不合理的设计而造成频繁的缓存未命中，会严重削弱数据平面的性能。以 Intel XEON 5500 为例，在 L3（Last Level Cache）命中与未命中条件下，数据操作耗时相差数倍。如果在系统设计时忽视这一点，存在频繁的跨核调用，由此带来的缓存未命中会造成严重的数据读写时延，从而降低系统的整体性能。

接下来，针对这些开销因素，介绍一些主要的优化技术手段和项目。

3.1 高性能数据面基础

对于数据面的包处理而言，使用的主流硬件平台一般大致可分为硬件加速器、网络处理器及通用处理器。依据处理复杂度、成本、功耗等因素的不同，这些硬件平台在各自特定的领域发挥着作用。硬件加速器和网络处理器由于其专属性，往往具有高性能、低成本的优点。而通用处理器则在复杂多变的数据包处理上更有优势。同时，通用处理器由于性能的不断提升及其丰富的生态，为软件定义网络（SDN）提供了快速迭代的平台。

下面就通用处理器上的高性能数据包处理做一些介绍，包含高速数据面的软件开发技术，处理器平台上提供的有助于提升数据面处理性能的硬件特性。

3.1.1 内核旁路

在通用处理器上开发高性能数据处理应用，首先要考虑的问题是选择一个好的开发平台。现有的主流开发平台有两大类：一类是基于操作系统的内核；另一类是内核旁路方案，即绕过内核中的低效模块，直接操作硬件资源。在 NFV 应用中，从性能方面考虑，选择后者的居多。下面就内核的性能问题和内核旁路技术做一些介绍。

1．内核的性能问题

在操作系统的设计中，内核通过硬件抽象和硬件隔离的方法，给上层应用程序的开发带来了简便性，但也导致了一些性能的下降。在网络方面，主要体现在整体吞吐率的减少和报文延迟的增加上。这种程度的性能下降对大多数场景来说可能不是问题，因为整体系统的瓶颈更多地会出现在业务处理逻辑和数据库上面。但对 NFV 这样的纯网络应用而言，内核的性能就有些捉襟见肘，性能优化显得很有必要。特别是随着网络硬件的发展，10G 网卡是服务器的入门级配置，25G 网卡正在普及，100G 网卡和 200G 网卡也在应用中，内核所带来的性能下降是高速网络应用急需解决的问题。

数据包在内核中的处理如图 3-2 所示：左下是网络硬件（NIC），包括网卡传输链表（Descriptor Rings）和配置寄存器（CSRs）；左中是内核空间，包括网卡驱动（Driver）、协议栈（Stack）和系统调用（System Calls）；左上是用户空间，包括各种应用程序；右边是内核空间和用户空间的内存示意图。从中可以看出一个数据包从网卡到应用程序要经过内核中的驱动、协议栈处理，然后从内核的内存复制到用户空间的内存中,加上系统调用要求的用户到内核空间的切换,都会导致内核性能的下降。

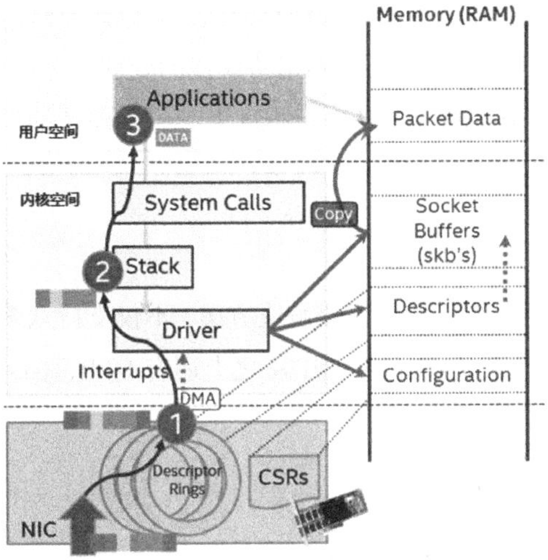

图 3-2　数据包在内核中的处理

2．内核旁路技术

既然内核的性能不能满足 NFV 的要求,那么有没有一种方案能够克服这个问题呢?答案就是内核旁路技术,就是应用程序不通过内核直接操作硬件。

如图 3-3(a)所示,应用程序在用户空间,而网络驱动在内核空间。每次网络操作的时候都需要从用户空间切换到内核空间。

在应用内核旁路技术之后,图 3-3(a)就演变为图 3-3(b),应用程序跨过内核直接和网络硬件通信,没有用户空间和内核空间之间的切换,提高了效率。把网络驱动从内核移到用户空间后,即使出问题也不会像之前在内核中那样使操作系统崩溃,这是内核旁路技术带来的另外一个好处。

(a)　　　　　　　　　　　　(b)

图 3-3　内核旁路技术

3. 开源方案

内核旁路之后，应用程序直接和硬件打交道，但也需要解决硬件的抽象接口、内存分配和 CPU 调度等问题，甚至还有网络协议栈的处理。这方面有 DPDK、Netmap、OpenOnload 及 XDP 等开源框架，在一定程度上起到了硬件抽象和隔离功能，简化了应用程序开发。

（1）DPDK

DPDK 是一个全面的网络内核旁路解决方案，不仅支持众多的网卡类型，也有多种内存和 CPU 调度的优化方案。在 DPDK 之上还有 VPP、fstack 等网络应用和网络协议栈的实现。

（2）Netmap

Netmap 是一个高效的收发报文的 I/O 框架，已经集成在 FreeBSD 的内部，也可以在 Linux 下编译使用。和 DPDK 不同的是，Netmap 并没有彻底地从内核接管网卡，而是采用一个巧妙的 Netmap ring 结构来从内核管理的网卡上直接接收和发送数据。

如图 3-4 所示，现代网卡一般都使用多个缓冲区（buffer），并有一个叫 NIC ring 的环形数组。这些缓冲区是操作系统和网卡硬件共享的，网卡将接收的网络数据放到这些缓冲区之后，操作系统能通过相应的 mbufs 指针读出，发包的流程则正好相反。

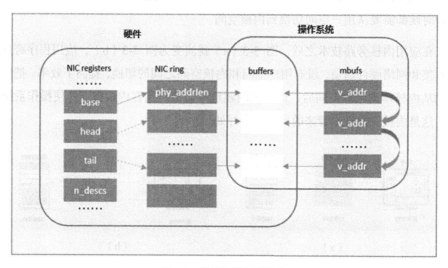

图 3-4 传统的网卡缓冲区

如图 3-5 所示，Netmap 把网卡的缓冲区从内核映射到用户空间，并且实现了自己的发送和接收报文的 netmap_ring 来对应网卡的 NIC ring。现代网卡一般都支持多队列，每个队列对应着一个 netmap_ring。

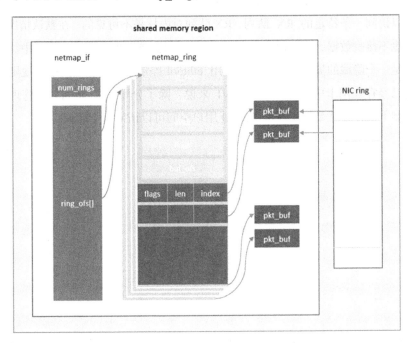

图 3-5　Netmap ring 与 NIC ring

将 Netmap 接口（netmap_if）绑定到网卡时，应用程序可以选择附加一个或多个 Netmap ring。可以提高单个进程的吞吐量和灵活性；而如果只使用一个 Netmap ring 的话，则可以通过每个 Netmap ring 对应一个进程/CPU core 的方式来构建多进程的高性能系统。

（3）OpenOnload

OpenOnload 是一个开源的、高性能的 Linux 应用程序加速器，可为 TCP 和 UDP 应用提供更低的、可预测的延迟和更高的吞吐率。和 DPDK 与 Netmap 不同的是，前两者都是高性能的 I/O 框架，而 OpenOnload 更多的是一个内核旁路的协议栈。OpenOnload 在用户空间实现了 TCP 和 UDP 的协议处理，又通过和内核共享部分协议栈信息的方式较好地解决了应用程序的兼容性问题，在金融等领域应用较为广泛。OpenOnload 虽然是开源项目，但由于一些知识产权的限制，现在只能用在 Solarflare

及获得其许可的网卡上。

OpenOnload 的底层 I/O 主要通过 EF_VI 技术来实现。如图 3-6 所示，EF_VI 绕过内核协议栈把网卡中部分网络流量直接发送到用户空间的协议栈中。每个 EF_VI 实例可以访问一条特定的 RX 队列，RX 队列对内核是不可见的。在默认情况下，这个队列也不接收数据，直到创建一个 EF_VI "过滤器"把数据导入队列中。这个过滤器只是一个隐藏的流控制规则。用户用 ethtool 等常用工具看不到这个规则，但实际上它已经存在网卡中了。对于 EF_VI 来说，除了分配 RX 队列并且管理流控制规则，剩下的任务就是提供一个 API 让用户空间可以访问这个队列。

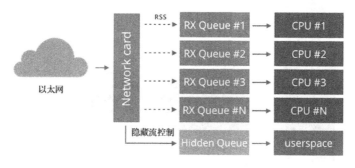

图 3-6　OpenOnload

另外一部分流量仍然保留在内核中进行处理，这种技术能够灵活地利用内核和旁路方案两方面的优势，在 DPDK 社区称为"分叉驱动"。要使用这种技术，需要一个支持多队列的网卡，同时也要支持流控制和 SR-IOV。

有了这种网卡，可以实现如下功能：

- 正常启动网卡，让内核管理一切。
- 创建一个 SR-IOV 中的虚拟网卡（VF）。
- 把特定接收（RX）队列如 1 号加入 VF 中。
- 通过流控制规则将一个特定的网络流引到 1 号 RX 队列中。

完成这些，剩下的步骤就是利用 DPDK 用户空间的 API，从 1 号 RX 队列上接收数据包并处理。同时，其他任何队列在内核中的正常处理都不会受到任何影响。

（4）XDP

对于内核在 I/O 和协议栈两个方面的性能问题，内核的开发人员也有清楚的认识,并提出了各种解决方案,XDP(eXpress Data Path)就是其中之一。XDP绕过了内核的协议栈部分,在继承内核的I/O部分的基础上,提供了介于原有内核和完整内核旁路之间的另一种选择。

如图3-7所示为XDP报文处理流程,中间部分是XDP的包处理引擎。这个引擎采用了一个BPF(Berkeley Packet Filter)的程序解释器,能够把XDP的业务逻辑从内核中隔离出来。即使XDP的业务代码出现错误,也不会导致内核的崩溃,达到了完整内核旁路技术类似的效果。内核的I/O部分接收报文之后,直接交给XDP,由XDP的业务逻辑决定报文的下一步是直接丢弃,是转发,还是本地处理。XDP绕过了内核原先的协议栈处理之后,性能得到较大的提高,是现在内核NFV高速网络处理方面一个不错的选择。

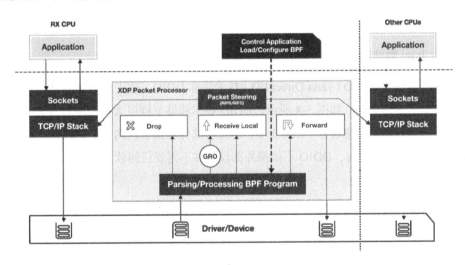

图3-7 XDP报文处理流程

3.1.2 平台增强

在IA(Intel Architecture)多核通用处理器的平台下,如何实现高速的网络包处理?对传统的操作系统而言,跨主机的网络通信都会涉及底层网卡驱动及网络协议栈处理。如前所述,不少内核旁路技术的诞生,为在通用处理器下实现高速网络处理提供了可能。除了软件的创新,IA平台上的许多技术也可以被用来提高网络的处理能力,大致可以归纳为以下几个方面:

1. 多核及亲和性

多核处理器是指在一个处理器中集成两个或者多个完整的 CPU 核及计算引擎，它的出现使性能水平扩展成为可能。原本在单核上顺序执行的任务，可以按照逻辑划分为若干个子任务，分别在不同的核上并行执行。那么，按照什么策略将子任务分配到各个核上执行？这个分配工作一般是由操作系统按照复杂均衡的策略完成的。

利用 CPU 的亲和性能够使一个特定的任务在指定的核上尽量长时间地运行而不被迁移到其他处理器。在多核处理器上，每个核自己本身会缓存着任务使用的信息，而任务可能会被操作系统调度到其他核上。每个核之间的 L1、L2 缓存是非共享的，如果任务频繁地在各个核间进行切换，就需要不断地使原来核上的缓存失效，如此一来缓存命中率就低了。当绑定核后，任务就会一直在指定的核运行，大大增加了缓存的命中率。对网络包处理而言，显然可以提高吞吐量和降低延时。

2. Intel 数据直接 I/O 技术

Intel 数据直接 I/O（Data Direct I/O）技术简称 DDIO，是从 Intel Xeon E5 系列处理器开始引进的功能。如图 3-8 所示，DDIO 技术能够支持以太网控制器将 I/O 流量直接传输到处理器高速缓存（LLC）中，缩短将其传输到系统内存的路线，从而降低功耗和 I/O 延迟。同时，DDIO 不依赖外部设备并不需要任何软件的参与。

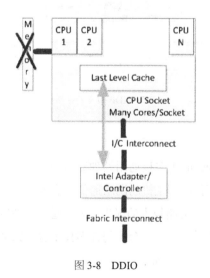

图 3-8 DDIO

在没有 DDIO 的系统中，来自以太网控制器的报文通过 DMA 最先进入处理器的系统内存，当 CPU 核需要处理这个报文时，它会从内存中读取该报文至缓存，也就是说在 CPU 真正处理报文之前，就发生了内存的读和写。同样地，如果处理器发送一个报文，需要从内存中读取该报文并写入缓存，再将报文回写到内存中，之后通知以太网控制器通过 DMA 发送出去。

在具有 DDIO 的系统中，来自以太网控制器的报文直接传输至缓存，对于报文的数据处理来说，避免了多次的内存读写，在提高性能、降低延时的同时也降低了功耗。图 3-9 与图 3-10 对比了在网卡收发数据包时，在没有 DDIO 和有 DDIO 的系统中数据接收和发送的轨迹。

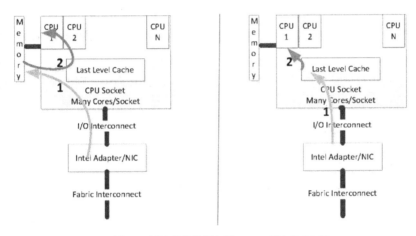

图 3-9　网卡接收数据包无 DDIO 对比有 DDIO

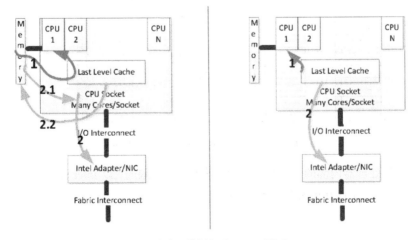

图 3-10　网卡发送数据包无 DDIO 对比有 DDIO

3. 大页（Hugepage）

提到大页，有必要简短介绍一下内存地址的转换过程。处理器和操作系统在内存管理中采用受保护的虚拟地址模式，程序使用虚拟地址访问内存，而处理器在收到虚拟地址后，先通过分段机制映射转化为线性地址，然后线性地址通过分页机制映射转化为物理地址。对于 Linux 实现而言，只采用了分页机制，而没有用分段机制，这样虚拟地址和线性地址总是一致的。

分页机制是指把物理内存分成固定大小的块，按照页表管理，一般常规页的大小为 4KB。以图 3-10 为例，如果按照常规页的大小，将线性地址映射为物理地址，需要读取至少三次页目录表和页表，也就是为了完成这个转换需要访问四次内存。为了加快处理器的内存地址转换过程，处理器在硬件上对页表做了缓存，就是 TLB（Translation Look-aside Buffer），它存储了从线性地址到物理地址的直接映射。当处理器需要进行内存地址转换时，它先查找 TLB，如果 TLB 命中，则无须多次访问页表就可以直接得到最终的物理地址，大大缩短了地址转换的时间。如果 TLB 不命中，则读取内存中的页表进行图 3-11 中的地址转换，如果在页表中都没找到索引，则产生缺页中断，重新分配物理内存，再进行地址转换。

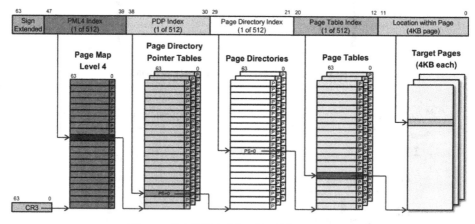

图 3-11　从线性地址到物理地址转换（4KB 页）

TLB 是处理器内部的一个缓存资源，其容量是有限的，以 Intel Skylake 微架构为例，其 4KB 页的 TLB 的容量如表 3-1 所示。

表 3-1　Intel Skylake 的 TLB 容量（4KB 页）

Levels	Entries
Instruction	128
First Level Data	64
Second Level	1536

以普通 4KB 页为例，如果一个程序使用了 2MB 内存，也就是 512 个 4KB 的页，那么 TLB 中需要存有 512 个页表表项才能保证不会出现 TLB 不命中的情况。随着程序的变大或者程序内存使用的增加，TLB 也就变得十分有限，导致 TLB 不命中的情况出现。

大页的出现改善了这一状态。大页，顾名思义，就是分页的基本单位变大，如图 3-12 和图 3-13 所示，可以采用 2MB 或者 1GB 的大页。它可以减少页表级数，也就是地址转换时访问内存的次数，同时减少 TLB 不命中的情况。一个使用了 2MB 内存的程序，TLB 中只需要存有 1 个页表表项就能保证不会出现 TLB 不命中的情况。对于网络包处理程序，内存需要高频访问，在设计程序时，可以利用大页尽量独占内存防止内存溢出，提高 TLB 命中率。

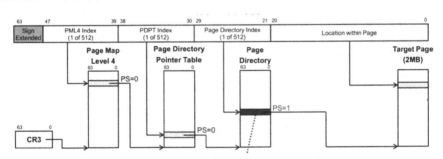

图 3-12　从线性地址到物理地址转换（2MB 页）

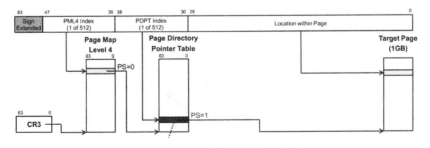

图 3-13　从线性地址到物理地址转换（1GB 页）

4. NUMA

在多核处理器平台中,有时需要将多个处理器像单一系统那样运转,则需要具备对多个处理器及其内存系统进行管理的模式。一般有两个模式:对称多处理(SMP)和非一致性内存访问(NUMA)。SMP 模式将多个处理器、内存系统和 I/O 设备都通过一条总线连接起来。在 SMP 模式下,所有的硬件资源都是共享的,多个处理器之间没有区别、平等地访问内存和 I/O 外部设备,并且每个处理器访问内存的任何地址所需时间是相同的,因此 SMP 也被称为一致内存访问结构(UMA,Uniform Memory Access Architecture)。

很显然,SMP 的缺点是扩展性有限,每一个共享的环节都可能造成系统扩展的瓶颈,而最受限制的则是内存。当内存访问达到饱和的时候,增加处理器并不能获得更高的性能,系统总线成为效率瓶颈;处理器与内存之间的通信延迟也增大。

NUMA(Non-Uniform Memory Access Architecture)即非一致性内存访问技术,它的基本特征是具有多个处理器模块(Node),每个处理器模块具有独立的本地内存、I/O 设备等,处理器模块之间通过高速互联的接口连接起来。由于 Node 访问本地内存比访问其他节点的内存的速度要快一些,为了解决非一致性访问内存对性能的影响,NUMA 调度器负责将进程尽量在同一节点的 CPU 之间调度,除非负载太高,才迁移到其他节点。

NUMA 技术解决了 SMP 系统可扩展性问题,它已成为当今高性能服务器的主流体系结构之一。如图 3-14 所示为 Intel Xeon 5500 系列系统,2 颗 CPU 支持 NUMA 的系统结构,每颗 CPU 物理上有 4 个核心。利用 NUMA 技术,在设计数据包处理程序时,在内存分配上使处理器尽量使用靠近其所在节点的内存,可以水平扩展包处理能力。

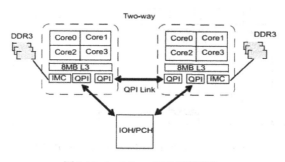

图 3-14　Intel Xeon 5500 系列系统

3.1.3 DPDK

DPDK 的广泛应用很好地证明了 IA 多核处理器可以解决高性能数据包处理的需求。其核心思想可以归纳成以下几个方面：

- 轮询模式：DPDK 轮询网卡是否有网络报文的接收或放送，这样避免了传统网卡驱动的中断上下文的开销，当报文的吞吐量大的时候，性能及延时的改善十分明显。
- 用户态驱动：DPDK 通过用户态驱动的开发框架在用户态操作设备及数据包，避免了不必要的用户态和内核态之间的数据拷贝和系统调用。同时，为开发者开拓了更广阔的天地，比如快速迭代及程序优化。
- 降低访问存储开销：高性能数据包处理意味着处理器需要频繁访问数据包。显然降低访问存储开销可以有效地提高性能。DPDK 使用大页降低 TLB 未命中率，保持缓存对齐避免处理器之间缓存交叉访问，利用预取等指令提高缓存的访问率等。
- 亲和性和独占：利用线程的 CPU 亲和绑定的方式，将特定的线程指定在固定的核上工作，可以避免线程在不同核间频繁切换带来的开销，提高可扩展性，更好地达到并行处理提高吞吐量的目的。
- 批处理：DPDK 使用批处理的概念，一次处理多个包，降低了一个包处理的平均开销。
- 利用 IA 新硬件技术：IA 的新指令、新特性都是 DPDK 挖掘数据包处理性能的源泉。比如利用 vector 指令并行处理多个报文，原子指令避免锁开销等。
- 软件调优：软件调优散布在 DPDK 代码的各个角落，包括利用 threshhold 的提高 PCI 带宽的使用率，避免 Cache Miss（缓存不命中）以及 Branch Mispredicts（分支错误预测）的发生等。
- 充分挖掘外部设备潜能：以网卡为例，一些网卡的功能，例如 RSS、Flow director、TSO 等技术可以被用来加速网络的处理。比如 RSS 可以将包负载分担到不同的网卡队列上，DPDK 多线程可以分别直接处理不同队列上的数据包。除以太网设备网卡以外，DPDK 现已支持多种其他设备，例如 crypto 设备，这些专用硬件可以被 DPDK 应用程序用来加速其网络处理。

1. 开发模型

基于上面的技术点，DPDK 建议用户使用两种开发模型：

- Run-to-Completion 模型

Run-to-Completion 模型指一个报文从收到、处理结束，再发送出去，都由一个核处理，一气呵成。该模型的初衷是避免核间通信带来的性能下降。如图 3-15 所示，在该模型下，每个执行单元在多核系统中分别运行在各自的逻辑核上，也就是多个核上执行一样的逻辑程序。为了可线性扩展吞吐量，可以利用网卡的硬件分流机制，如 RSS，把报文分配到不同的硬件网卡队列上，每个核针对不同的队列轮询，执行一样的逻辑程序，从而提高单位时间处理的网络量。

- Pipeline 模型

虽然 Run-to-Completion 模型有许多优势，但是针对单个报文的处理始终集中在一个 CPU 核，无法利用其他 CPU 核，并且程序逻辑的耦合性太强，可扩展性有限。Pipeline 模型的引入正好弥补了这个缺点，它指报文处理像在流水线上一样经过多个执行单元。如图 3-16 所示，在该模型下，每个执行单元分别运行在不同的 CPU 核上，各个执行单元之间通过环形队列连接。这样的设计可以将报文的处理分为多步，将不同的工作交给不同的模块，使得代码的可扩展性更强。

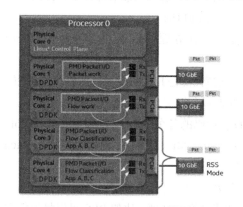

图 3-15　Run to Completion 模型

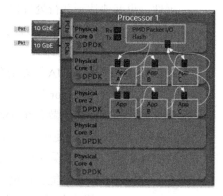

图 3-16　Pipeline 模型

2. 实现框架

DPDK 由一系列可用于包处理的软件库组成，能够支持多种类型设备，包括以太网设备、加密设备、事件驱动设备等，这些设备以 PMD（Polling Mode Driver）的形式存在于 DPDK 中，并提供了一系列用于硬件加速的软件接口。

- 核心库（Core Libraries）：这部分是 DPDK 程序的基础，它包括系统抽象

第 3 章 高性能数据平面

内存管理、无锁环、缓存池等。
- 流分类（Packet Classification）：支持精确匹配、最长匹配和通配符匹配，提供常用的包处理查表操作。
- 软件加速库（Accelerated SW Libraries）：一些常用的包处理软件库的集合，比如 IP 分片、报文重组、排序等。
- Stats：提供用于查询或通知统计数据的组件。
- QoS：提供网络服务质量相关组件，比如限速（Meter）和调度（Scheduler）。
- 数据包分组架构（Packet Framework）：提供了搭建复杂的多核 Pipeline 模型的基础组件。

接下来对核心库稍做展开。

3．核心库

核心库是 DPDK 程序的核心也是基础，几乎所有基于 DPDK 开发的程序都依赖它。核心库包括系统抽象层、内存管理、无锁环、缓存池等。

系统抽象层屏蔽了各种特异环境，为开发者提供了一套统一的接口，包括 DPDK 的加载/启动；支持多进程和多线程；核亲和/绑定操作；系统内存的管理；总线的访问，设备的加载；CPU 特性的抽象；跟踪及调试函数；中断的处理；Alarm 处理。

除系统抽象层以外，无锁环、MemPool 及 Mbuf 的管理也是 DPDK 的核心所在。

DPDK 的 rte_ring 结构提供了一个支持多生产者和多消费者的无锁环。它是一个先进先出（FIFO）队列，简单且高速，支持成批进队列和出队列。它已用于 Memory Pool 的管理，同时也可以作为不同执行单元间的通信方式。其结构可以简单地表示为如图 3-17 所示的形式，生产者和消费者逐自进入各自的 Head 和 Tail 指针控制环中对象的移动（入队列，出队列）。

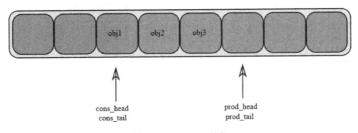

图 3-17　rte_ring 结构

DPDK 的 rte_mempool 是负责管理从内存中分配 mempool 的库。mempool 是一个对象池,如图 3-18 所示,池中的对象用 rte_ring 管理。在 mempool 中还引入了 Object Cache(对象缓存)的概念,用于加速对象的分配和释放过程。具体可参见 DPDK 的开发者手册。

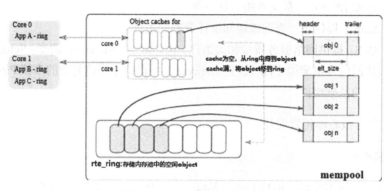

图 3-18　mempool 及其对象 ring

DPDK 的 rte_mbuf 则提供了一种数据结构,如图 3-19 所示,它可用于封装网络帧缓存或控制消息缓存。rte_mbuf 以 ring 的形式存在于 MemPool 中,rte_mbuf 就是 mempool 中的对象。mbuf 的结构经过精心设计,其头部大小为两个 Cache Line(缓存行),原则上将基础性的、频繁访问的数据放在第一个 Cache Line,而将功能扩展性的数据放在第二个 Cache Line。如图 3-20 所示,对于单个 mbuf 存放不下的大数据包,mbuf 还有指向下一个 mbuf 结构的指针来形成帧链表的结构。

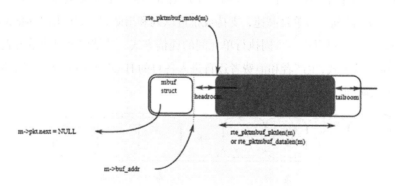

图 3-19　rte_mbuf 结构

第 3 章 高性能数据平面

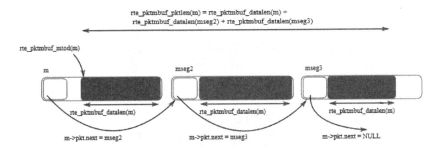

图 3-20 mbuf 链组成大数据包

4．一个简单的 DPDK 程序

在 DPDK 代码的 samples 目录下有一个简单的实例，它实现了一个基于 DPDK 的简单转发的程序。main() 函数是程序的入口，首先，argc 和 argv 参数初始化系统抽象层（EAL，Environment Abstraction Layer）。

```
int ret = rte_eal_init(argc, argv);
if (ret < 0)
rte_exit(EXIT_FAILURE, "Error with EAL initialization\n");
```

然后，创建存有一定量 mbuf 的 mempool。

```
mbuf_pool = rte_mempool_create("MBUF_POOL",
                    NUM_MBUFS * nb_ports,
                    MBUF_SIZE,
                    MBUF_CACHE_SIZE,
                    sizeof(struct
rte_pktmbuf_pool_private),
                    rte_pktmbuf_pool_init, NULL,
                    rte_pktmbuf_init,     NULL,
                    rte_socket_id(),
                    0);
```

接着，初始化每一个端口。

```
RTE_ETH_FOREACH_DEV(portid) {
    if (port_init(portid, mbuf_pool) != 0) {
        rte_exit(EXIT_FAILURE,
            "Cannot init port %" PRIu8 "\n", portid);
    }
}
```

端口对应的是以太网设备，对一个以太网设备进行收发包前的初始化时，需要经过以下几步：

- rte_eth_dev_configure()：基于应用所需的收发数据包队列数及一些特定的配置信息配置设备。
- rte_eth_tx_queue_setup()：创建发送队列，对于硬件设备，驱动需要为其分配 DMA ring 用于发送数据包。
- rte_eth_rx_queue_setup()：创建接收队列，对于硬件设备，驱动需要为其分配 DMA ring 用于接收数据包。
- rte_eth_dev_start() ：启动该设备，在启动后，该设备就可以用于收发数据包了。

```
static inline int
port_init(uint16_t port, struct rte_mempool *mbuf_pool)
{
    struct rte_eth_conf port_conf = port_conf_default;
    const uint16_t rx_rings = 1, tx_rings = 1;
    struct ether_addr addr;
    int retval;
    uint16_t q;

    if (!rte_eth_dev_is_valid_port(port))
        return -1;

    /* 配置以太网设备. */
    retval = rte_eth_dev_configure(port, rx_rings, tx_rings, &port_conf);
    if (retval != 0)
        return retval;

    /* 为每个端口分配和设置接收队列 */
    for (q = 0; q < rx_rings; q++) {
        retval = rte_eth_rx_queue_setup(port, q, RX_RING_SIZE,
                        rte_eth_dev_socket_id(port),
                        NULL, mbuf_pool);
        if (retval < 0)
            return retval;
    }

    /* 为每个端口分配和设置发送队列. */
    for (q = 0; q < tx_rings; q++) {
        retval = rte_eth_tx_queue_setup(port, q, TX_RING_SIZE,
```

```
                                    rte_eth_dev_socket_id(port),
NULL);
        if (retval < 0)
            return retval;
    }

    /* 启动端口. */
    retval = rte_eth_dev_start(port);
    if (retval < 0)
        return retval;

    /* 使能以太网设备和混杂模式,允许接收所有数据包. */
    rte_eth_promiscuous_enable(port);

    return 0;
}
```

在端口初始化完成后,main 函数为每个逻辑 core 启动执行转发程序。转发程序 lcore_main()如下所示。可见,该执行程序从端口上通过 rte_eth_rx_burst 收到数据包后,再由 rte_eth_tx_burst 将数据包发送出去。

```
static __attribute__((noreturn)) void
lcore_main(void)
{
    uint16_t port;

    /*为达到最优性能,检查以确认端口所在的 NUMA 节点和轮询线程所运行的节点是一致的.*/
    ......

    /* 执行程序,直到退出或被强制中止. */
    for (;;) {
        /*
         *从一个端口接收数据包,并将它们从配对的端口转发出去.
         * The mapping is 0 -> 1, 1 -> 0, 2 -> 3, 3 -> 2, etc.
         */
        RTE_ETH_FOREACH_DEV(port) {
            /* 从配对端口的第一个端口接收一组突发的 RX 数据包. */
            struct rte_mbuf *bufs[BURST_SIZE];
            const uint16_t nb_rx = rte_eth_rx_burst(port, 0, bufs,
BURST_SIZE);

            if (unlikely(nb_rx == 0))
```

```
            continue;
        /* 向配对端口的第二个端口发送一组突发的 TX 数据包. */
        const uint16_t nb_tx = rte_eth_tx_burst(port ^ 1, 0, bufs,
nb_rx);

        /* 释放所有未被发送的数据包所占的 mbuf. */
        if (unlikely(nb_tx < nb_rx)) {
            uint16_t buf;
            for (buf = nb_tx; buf < nb_rx; buf++)
                rte_pktmbuf_free(bufs[buf]);
        }
    }
}
```

3.2 NFV 和 NFC 基础设施

如前所述，DPDK 为高性能数据面的处理提供了可能。DPDK 已作为 NFV 和 NFC（网络功能虚拟化和容器化）的重要组件，参与到 NFV 和 NFC 的基础设施建设中。下面就从 NFV、NFC 和平台设备抽象两方面展开描述 NFV 和 NFC 基础设施的特质，以及 DPDK 对其支持的情况。

3.2.1 网络功能虚拟化

网络功能虚拟化的一个重要特征是软硬件解耦。当网络功能从专用硬件向通用硬件平台乃至虚拟通用硬件平台转移时，作为承载各种网络功能的基础设施层（NFVi），其重要性也越发突出。

当使用普通的服务器平台作为运行网络功能的目标平台时，每一个网络功能业务都希望通过基础设施层获得最大可能的网络带宽。基础设施层通常用 PCIe 网络设备将数据包引入通用处理器，当然，这样的 PCIe 网络设备在裸机上是物理设备，而在虚拟机上则是虚拟设备。

1. NFVi 数据平面加速

对于一个 VNF（虚拟化网络功能）应用，快速地从 NFVi 获取网络帧是后续业务逻辑的基础，这就涉及虚拟主机接口（Host I/O Interface）。从 NFVi 的视角来看，虚拟主机接口是其面向虚拟主机提供的北向虚接口；从 VNF 的视角来看，虚拟主机接口是承载其运行的主机 I/O 设备。

配合不同类型虚拟主机接口，NFVi 提供了不同的数据面策略，Bypass 和 Relay 就是两种比较典型的数据面策略。从数据面的角度，前者依赖外部系统提供 NFVi 数据面，绕过了整个 Host 软件部分，后者则由 Host 软件提供 NFVi 数据面。

再回过头看虚拟主机接口。网络设备按照不同的虚拟化实现方式，可以粗略地分为全模拟（Fully-Emulated）、半虚拟化（Para-Virtualized）和硬直通（Pass-thru）。对于主流的 VMM 及其网络设备，DPDK 支持相对都比较完善。全模拟和半虚拟化类型的虚拟主机接口主要与 NFVi 的 Relay 策略一起工作，而硬直通 NFVi 一般采用 Bypass 策略。如图 3-21 所示，E1000 就是由 VMM 全模拟的设备接口，Virtio 是 QEMU/KVM 下的半虚拟化设备，VF 则是基于 SR-IOV 的功能，可用于硬直通。

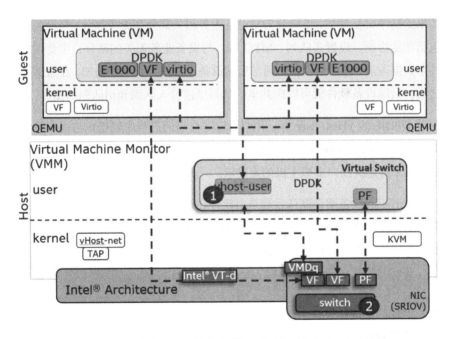

图 3-21　不同的虚拟主机接口实现方式

在网络功能虚拟化场景下，对网络带宽都有一定的要求。相对于全模拟设备方式，半虚拟化和硬直通是更为主流的使用方式。下面以 QEMU/KVM 开源 VMM 为例，分别介绍这两种方式的特点和优势。

2. 半虚拟化

Virtio 是 QEMU/KVM 下的半虚拟化设备框架，支持多种设备类型，设备定义规范也以开源社区的方式维护。

virtio-net 是网卡设备类型的代表。该设备整体由 QEMU 模拟，例如当 Virtio-net 基于 PCIe 总线时，QEMU 通过 Trap-Emulation 的方式模拟了访问 PCIe Bus、PCIe CSR、BAR Registers、Interrupt 等行为。设备中传输的网络帧，本质是通过共享内存的方式，由虚拟主机内的前端设备驱动和后端设备双方按照队列规范进行入队列和出队列的操作。

QEMU 为 Virtio 后端设备的实现提供了一层 vHost 抽象，这样无论 QEMU 进程本身、Kernel，还是另外的独立进程，都可以有不同的适配。vHost-user 就是一个独立于 QEMU 进程的 Virtio 设备后端的实现接口，QEMU 进程和独立进程按照 vHost 协议通过 Unix Socket 互相交互。

如果给这些交互分类，可以分为与设备业务相关部分和无关部分。与设备相关的部分包括功能协商、设置多队列、MTU 等。与设备业务无关的部分，主要是搭建前后端共享数据通道，即前端设备如何与后端设备共享内存并互相通知。在这部分工作完成之后，后端设备软件就可以向共享的队列里进行入队列和出队列的操作。

通过 DPDK 的 vHost-user 库，用户可以在自己的进程中轻松地与虚拟机进行网络帧的传输。在 Open vSwitch 中，DPDK 模式的 NETDEV（即 OVS-DPDK）便是使用 vHost-user 构建其面向虚拟主机的虚接口。

由于 Virtio 的设备驱动默认后端是由软件在相同架构的 CPU 上进行数据入队列和出队列的操作，故而被归到半虚拟化设备中。而随着 Virtio 硬化的出现，这种分类方式的边界也会逐渐变得模糊，这在后续的章节中会继续展开。

总的来说，类似 Virtio 的这种半虚拟化设备有如下一些特点：

- 开放的标准化设备。
- 相对较好的性能。
- 硬件设备无关性。

由于该类虚拟主机接口需要接入软件定义的 NFVi 数据面，这样天然地将 VNF 与硬件设备解耦。另一方面，由于其设备完全由软件模拟，状态热迁移也更可实现。

在使用 DPDK vHost 后端实现对接 QEMU 的 vHost-user 后,其 I/O 性能提高了一个数量级,并可以随着 CPU 的数量线性提升,使得其在 NFV 场景下的可用性大大提升。

3. 硬直通

硬直通将一个硬件设备的能力直接赋予某一个虚拟主机,使得虚拟主机可以获得和裸机下极其相近的性能。但一台设备如果需要被赋予多个虚拟主机,就需要设备能够被切片,或者说能有设备及总线级别的多路复用技术。

这是为什么硬直通通常和 SR-IOV 联系在一起的原因,SR-IOV 是一种 PCIe 总线多路复用技术。支持 SR-IOV 的设备,可以将自身切分成多个 VF(Virtual Function),它们与 PF(Physical Function)一样,在主机侧呈现为独立标准的 PCIe 设备。SR-IOV 是一种总线虚拟化技术,或者多路复用技术,VF 本身并不一定必须使用在虚拟人机里。真正将其与虚拟机结合的,是硬直通技术本身。

那硬直通的本质是什么呢?其主要解决了三部分的问题:设备 BAR 配置空间的访问、DMA 内存请求的直达、中断请求的送达。第一部分有很多方法解决,比如 trap-emulation 的方式,或通过 MMIO 的页表映射。第二部分和第三部分需要平台特性的支持,这个特性就是 IOMMU(比如 Intel VT-d、AMD-Vi)。

IOMMU 支持 DMA 重映射和中断重映射。DMA 重映射支持一级甚至二级地址重映射,使得 DMA 请求可以使用虚拟 I/O 地址访问主存,不再要求 DMA 地址的物理连续性。中断重映射支持将设备中断重定向到 vCPU 的虚拟中断控制器。所以,可以说,硬直通是直接得益于平台 I/O 虚拟化技术的。

DPDK 驱动对网卡设备的驱动支持非常全,支持 SR-IOV 的大多数厂商都提供了 VF 驱动,可以在厂商驱动目录下找到相关文件。

使用硬直通和 SR-IOV 技术的 VF 在 VM 中有一些特点:

- 几乎和裸机一致的性能。
- 设备驱动对运行环境(VM 或 Bare-Metal)无感知。
- 硬件设备依赖。

硬直通在带来出色性能的同时也引入了另一个课题,就是硬直通如何友好地支持云化。首当其冲的挑战是如何支持热迁移。

另一个课题由 PF/VF 模型引入，VF 往往不被赋予一些改变设备全局设置的能力，它需要 PF 作为代理操作，这样就需要一个 VF 和 PF 之间的消息通道。VFD（VF Daemon）是由 AT&T 公司发起的一个开源项目，该项目给出了一种实现方式，统一抽象不同厂商可能共同面临的一个 VF 代理请求的工作，它的工作方式如图 3-22 所示。DPDK 各驱动也对该方案提供全面的支持。

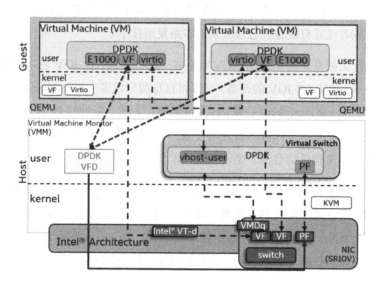

图 3-22　VFD 的工作方式

4．下一代虚拟主机接口

NFV 剧烈地重构着网络形态，并依旧不断地生长着。从技术角度讲，有两个关键的因素驱使着各项技术发展，分别是更高的速度和更好的云化。这两个因素有时又是一对矛盾体，更高的性能往往需要更多的硬件亲和，而云化从某种角度又要淡化硬件的特性。

如果硬件规范是统一的，或能抽象统一在一个协定下，则是解决这对矛盾体的一种方式。先不说去除多样性本身是否好，现实中在业界要达成一致的抽象困难重重。

另一种方式，或许就是不同技术向着相同的方向各自演进、互相融合，最终产生新的满足下一代 NFV 要求的虚拟主机接口。

对于半虚拟化虚拟主机接口，其本身云化能力已经非常完善。所以，其改进方向主要集中在追求更好的网络带宽性能。以 Virtio 为例，最新的 v1.1 Spec 引入 Packed

Ring Layout，主要是以减少内存访问次数为核心的优化方式。由于硬件通过总线访问内存延迟要远高于 CPU 访问内存，新 Layout 的引入同样也使得 Virtio 的 Ring 格式对于硬件访问更友好。

那最终 Virtio 是否可以像硬直通一样，由硬件设备直接向虚拟主机提供 I/O 呢？vDPA（vHost Data Path Acceleration）便是这样的实践。它并不改变 Virtio 设备模拟的特征，PCIe 总线、设备的 CSR、BAR 配置寄存器等依旧通过陷入模式的方式委托 vHost 处理。VDPA 加速 vHost 如图 3-23 所示。

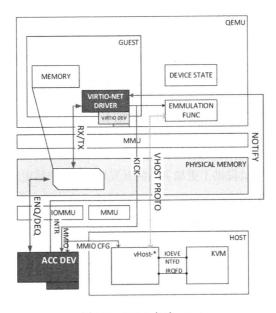

图 3-23　VDPA 加速 vHost

针对 vHost 的数据平面，利用之前提到的平台 I/O 虚拟化特性、IOMMU 的 DMA 和中断重映射，使得设备可以直接读写虚拟主机内存和投递中断。这样地址转换、帧 buffer 的复制及额外的中断中继开销至少可以进一步降低，比纯软件的零拷贝的中继效率更高。倘若硬件本身还能按照 Virtio 规范中定义的方式操作 Ring，则整个数据平面就完全地"硬直通"了。

虚拟主机接口数据平面的软硬之间无缝切换成为可能，硬件提供的是加速能力，而且被特定的硬件规范约束。当然，这里 NFV 仍旧对 Virtio Spec 有依赖，但对于 NFVi 是否使用特定的硬件已经没有了依赖。

那硬直通呢？半虚拟化大多是 VMM 原生的，硬直通具有跨 VMM 的一致性。硬直通虽然具有最接近裸机的性能，但也有硬件解耦性不够和云化关键特质热迁移能力的不足的问题。这个课题是否可解？答案也是肯定的，硬直通也在慢慢变得软化。从 Linux 中 VFIO 模块支持 VFIO-PCI 到 VFIO-MDEV，一个明显的特征就是 VF 的 PCIe 的 CSR 和配置管理不一定需要和硬件一一对应，控制面可以由陷入模式的方式完成，是不是和半虚拟化很像？再进一步，硬直通的数据平面是否可以软化呢？一旦数据平面可以由软件提供，并接入 NFVi 在 Host 的数据平面，厂商硬件依赖的硬直通也完成了去设备硬件依赖的属性。

可以看到，虚拟主机接口正在以不同的路径，朝着更好的 NFV 奔向同一个目标——下一代虚拟主机接口。其特征是 NFVi 根据 VNF 的选择提供虚拟主机接口，双方遵照服务质量协议，NFVi 运营商可以根据自身需要使用额外无缝硬件加速功能。

3.2.2 从虚拟机到容器的网络 I/O 虚拟化

相比于基于 ASIC 等专有硬件的网络功能，虚拟化技术将网络功能与底层硬件彻底解耦，不仅为开发人员提供了更加灵活的开发环境，为产品更新提供了更短的迭代周期，更保证了网络功能的高度隔离性、易用性及安全性。凭借这些优势，基于 Hypervisor 的虚拟化技术，比如 KVM、HyperV，已广泛应用于 NFV 环境中。然而，近两年随着网络速度的不断上升、互联网数据量的不断膨胀，一种更加轻量级的虚拟化技术——容器虚拟化，正逐渐广泛应用于 NFV 场景中。

如图 3-24 所示，基于 Hypervisor 的虚拟化技术与容器虚拟化技术有一定区别。基于 Hypervisor 的虚拟化技术通过一层中间软件将固定的硬件资源抽象为众多的虚拟化资源（通常称为虚拟机）。每一个虚拟机都具有独立的操作系统，运行于完全独立的上下文中。因此，通常一台主机上运行有多个操作系统。而与完全模拟硬件资源的 Hypervisor 虚拟化不同，容器虚拟化是一种资源隔离技术。利用操作系统的命名空间和 Cgroups 资源分配，容器虚拟化将用户程序隔离于不同的资源实体中运行，而每一个资源实体就称为容器。在容器虚拟化中，同一主机上的所有容器共享主机操作系统，不对底层的硬件资源进行模拟。相比于虚拟机，容器是一种更加轻量级的虚拟化，能更高效地利用系统资源，有更快的启动时间，更易于部署和维护。

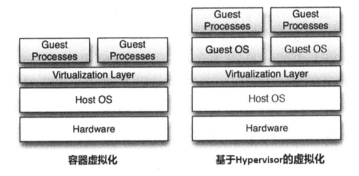

图 3-24 基于 Hypervisor 和基于容器的虚拟化技术的主要区别

1．面向虚拟机的 I/O 加速方案

在基于 Hypervisor 的虚拟化中，I/O 虚拟化主要包括两种方式，一种是基于 SR-IOV 的硬件虚拟化方案，另一种是基于 Virtio 的半虚拟化。针对这两种方式，DPDK 提供了相应的两种用户态加速方案，分别为 DPDK PF 驱动、DPDK VF 驱动和基于 DPDK 的软件交换机，如图 3-25 所示。

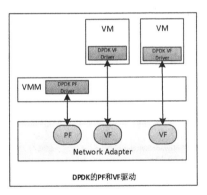
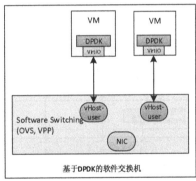

图 3-25 面向虚拟机的网络 I/O 加速方案

网卡的 SR-IOV 技术将一个网卡虚拟化成许多 VF，并将 VF 暴露给虚拟机，使每个虚拟机都可以独享虚拟网卡资源，从而获得能够与本机性能媲美的 I/O 性能。为加速基于 SR-IOV 的网络，DPDK 为其提供了相应的用户态的网卡驱动：PF 驱动和 VF 驱动。通过在虚拟机中使用用户态的 VF 驱动，虚拟机就可以实现更高效的网络 I/O 性能。

Virtio 是一种半虚拟化技术的通信协议规范，已经广泛应用于虚拟化环境中。在

Virtio 环境中，前端的 Virtio 驱动和后端的 vHost 设备互联，利用主机端的虚拟交换机实现网络通信。为加速基于 Virtio 的网络，DPDK 为前端的 Virtio PCI 设备提供了用户态驱动（Virtio Polling Mode Driver），并且支持了用户态的 vHost 设备——vHost-user。通过在虚拟机中使用 Virtio PMD 和软件交换机中使用 vHost-user，可以大幅提高虚拟机的网络 I/O 性能。

2．面向容器的网络 I/O 加速方案

Linux 为容器提供了十分丰富的网络 I/O 方案，如主机网络和 Docker 默认使用的网桥，然而基于内核的网络 I/O 方案在性能上往往无法满足追求高吞吐、低延迟的 NFV 业务的需求。并且，因为虚拟机和容器是两种完全不同的虚拟化技术，因此面向虚拟机的网络 I/O 加速方案无法直接应用于容器网络。此外，现有大部分的基于容器的应用都运行于 Kubernetes 环境下，这就要求 I/O 加速方案也能同时支持 Kubernetes 运行环境。

为了增强容器网络 I/O 的性能，Intel 为 Docker 容器也提出了与虚拟化 I/O 加速方案类似的两个 I/O 加速方案：SR-IOV 网络插件和 Virtio-user，如图 3-26 所示。

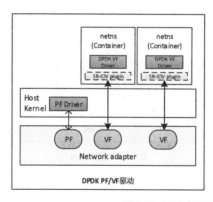
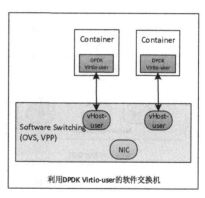

图 3-26　面向容器的网络 I/O 加速方案

SR-IOV 网络插件将网卡的 SR-IOV 技术应用到容器中，通过将网卡 VF 加入容器的网络命名空间，容器运行时可以直接看到网卡。利用 DPDK 的用户态 VF 驱动，容器运行时可以实现高速的网络收发包。Virtio-user 是 DPDK 提出的一种遵从 Virtio 规范的用户态虚拟设备。与 QEMU 模拟的 Virtio PCI 设备相同的是，Virtio-user 同样是 Virtio 的前端设备，可以和任何 vHost 后端设备，如 DPDK vHost-user 和 Linux Kernel 的 vHost-net 进行通信。然而，与虚拟机使用的 Virtio PCI 设备不同的是，Virtio-user

是为容器量身定制的,并负责网络 I/O。在使用 Virtio-user 的软件交换机方案中,每个容器运行时都有一个 Virtio-user 设备,此设备将 DPDK 使用的大页内存共享给后端的软件交换机;在共享的内存空间中创建 Virtio Ring 结构,并按照 Virtio 规范定义的 Ring 操作方式实现通信。

为支持更加灵活、用户自定义的网络模型,Kubernetes 提供了符合 Container Network Interface(CNI)容器网络规范的网络插件接口。为了将 SR-IOV 和 Virtio-user 应用到基于 Kubernetes 的容器环境中,Intel 为两种 I/O 加速方案分别提供了 SR-IOV CNI 插件和 vHost-user CNI 插件。

3.2.3 NFVi 平台设备抽象

NFVi 需要为 VM 提供比较好的性能,所以其本身对性能的要求就更高。基于 DPDK 优化的 NFVi 是业内主流的方式。NFVi 南向接口需要直接面对主机硬件,利用 DPDK 的硬件抽象框架,能帮助 NFVi 软件减少不同硬件带来的差异性。

如图 3-27 所示,DPDK 提供多种设备抽象并在不断扩展,已被支持的设备包括 ETHERDEV、EVENTDEV、CRYPTODEV、RAWDEV、BBDEV、SECURITYDEV 等。这些设备大多面向功能进行设备抽象,其支持的硬件从功能固定的网卡、加解密加速卡,到可编程的 Smart-NIC、FPGA,甚至面向无线 Base Band 的设备都提供了支持。而很多抽象设备都有基于 CPU ISA 的实现,比如使用 AES 指令实现的 CRYPTODEV 实例和 OPDL 库实现的 EVENTDEV。

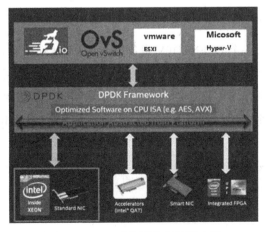

图 3-27 DPDK 支持不同功能硬件加速

（1）CRYPOTDEV

CRYPTODEV 是对加解密设备的抽象，提供一组 API，加解密请求被封装在一组 Context 中，由 DPDK 应用实例向加解密设备发起加解密的请求。CPU 在对称加解密处理上拥有不错的性能，所以 CRYPTODEV 除支持多厂商的 PMD 外，还有多个软件实现的加解密设备。

另外，DPDK 还为 CRYPTODEV 提供了一种 SCHDULER PMD，如图 3-28 所示，它可以根据不同的策略将加解密请求调度到多个加解密设备上。该机制为多设备聚合提供了可能，也会异构加解密（CPU 和加解密设备）加速提供了软件框架。

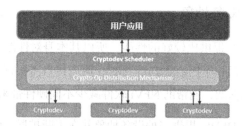

图 3-28　CRYPTODEV 设计示意图

CRYPTODEV 在 NFV 的一种应用场景是 IPSec，DPDK 提供了 IPSec GW 的示例，也在 FD.IO、VPP 中提供了基于 CRYPTODEV 的 IPSec 实现。

（2）EVENTDEV

EVENTDEV 是一种抽象事件设备，其主要作用是为 DPDK 应用提供事件调度设备接口，便于应用采用事件驱动模型编程，而不需要理解调度设备的具体实现细节。

如图 3-29 所示，一个 EVENTDEV 设备提供了 3 个队列和 6 个端口，将 6 个 CPU 以 Pipeline 的方式串联起来。其中，Q1 和 Q2 按照 Atomic 的机制分发调度事件，Q3 出口对应单端口，所以不构成调度。通过配置 API 可以将队列和端口关联起来。在运行时，对于每一个 CPU，可以通过端口 ID 进行事件的入队列和出队列操作。

图 3-29　EVERNTDEV 应用示意图

EVENTDEV 支持 3 种队列调度类型，分别是 Atomic、Ordered 及 Parallel。Atomic 调度类型保证数据流的原子性，同一时间不会将同一条流调度到多个 CPU。Ordered 调度类型允许将数据流调度到多个 CPU，但保证多个 CPU 下游出队列时，必须按照流分发的次序出队列。Parallel 调度类型则允许将数据流调度到多个 CPU，但不提供数据流的次序完整性。

可以看到，采用 EVENTDEV 方式编程，可以非常方便地设计需要水平扩展的 NFVi 数据面。

（3）RAWDEV

RAWDEV 为在 DPDK 中还未有该设备抽象的设备提供了一个选项。以 Intel 支持 PR（Partial Re-Configuration）的 FPGA 设备为例，该设备呈现为一个普通 PCIe 设备，设备驱动可以对 FPGA 部分运算资源（AFU）进行运行中的功能加载。

如图 3-30 所示，在 DPDK 中，在 RAWDEV 下实现了一个该设备的驱动，为应用提供加载 FPGA 逻辑的 API。该设备驱动将可用 AFU 设备挂到一个 IFPGA 的总线上，注册在该总线上的 FPGA 逻辑驱动将会对总线上的设备进行驱动绑定，并最终向 DPDK 框架呈现相对应的抽象设备接口（例如 ETHERDEV、CRYPTODEV 等）。

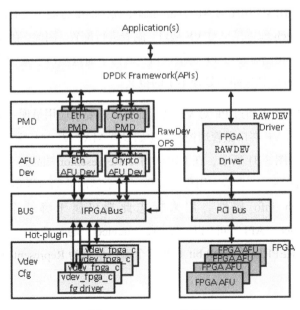

图 3-30　RAWDEV 设计框架

可以看到 RAWDEV 为 DPDK 设备框架引入了灵活性，当某设备功能还不具有普适性时，仍可以通过该方式得到开源社区的支持，在更多厂商有类似诉求并达成共识后，可以单独抽象出来成为新的设备抽象类型。

（4）Representor 端口

软件方案实现的 Virtual Switch 如 OVS 已经被很多云服务提供商接受，随着网络带宽要求的进一步升级，很多厂商也在尝试使用硬件加速 Virtual Switch 来提升虚拟机网络性能。随着 NIC 内嵌的交换功能变得越来越强大，越来越多的功能（比如 ACL、tunnel）被引入 NIC，传统的 ethdev 设备模型不能完全涵盖这些硬件的特性，所以 Kernel 和 DPDK 都提出了 switchdev 的概念。

内嵌 Switch 功能的网卡通过 SR-IOV 方式暴露出多个端口，用户把 Virtual Function 直接分配（pass-through）给虚拟机，设备交由 VM 直接访问。在 host 上，可以通过 PF 内核驱动对 VF 做管理配置，例如需要更改某个 VF 的 MAC 地址，可以利用命令：

```
ip link set eth0 vf 0 mac 00:1E:67:65:93:01
```

这里使用 ip 命令实现这个配置，用 PF interface + VF index 标志一个 VF 设备。对于内嵌 Switch offload 功能的 NIC，ip 等命令提供的配置能力是有限的，我们希望依然用丰富的 Switch 配置接口对 VF 端口、流表进行配置。因此，在硬件加速 Virtual Switch 的场景下，我们需要为 VF 提供端口，既为了通过端口下发配置，也为了从这些端口中接受 Switch 快速路径处理不了的报文。

在 DPDK 中，为了通过 PF 对 VF 进行配置，需要给应用呈现一个 VF 的端口，通过 Ethdev API 对 VF 端口做管理控制，比如设置 MAC/VLAN，通过 rte_flow lib 配置转发流表等。如图 3-31 所示，在 DPDK 中，Representor 端品是 PF 驱动初始化时创建出来的以太网端口，它给应用程序提供了一个标准的端口视角。每一个 ethdev 都用一个 Switch info 属性，用来标志此端口属于哪一个 Switch dev。rte_eth_dev_info_get API 可以获取 device 的 flag，通过检查 RTE_ETH_DEV_REPRESENTOR bit 判断这个端口是否为 Representor 端口。

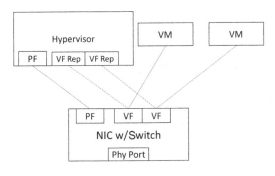

图 3-31　Representor 端口

对于希望创建 Representor 端口的 PF 设备，用户通过参数列表指定需要管理的 VF，例如需要对某个 PCI 设备的第 0、2、4、5、6、7 个 VF 创建 Representor 端口，可以给 DPDK eal 设置如下格式的参数：

```
-w pci:D:B:D.F,representor=[0,2,4-7]
```

ethdev lib 提供了设备参数解析 API：rte_eth_devargs_parse 来帮助 driver 解析参数。

PF driver 根据用户的需求决定为哪些 VF 创建 Representor 端口，它们基于 PF 的端口而存在，也就是说当 PF 的端口被销毁时，其所有相关的 Representor 端口也将随之被销毁。这里以 i40e 为例，讨论 Representor 端口在 PF driver 中的实现。

在 PF（Driver Probe）驱动探测的时候，会用 rte_eth_devargs_parse API 解析设备参数，如果用户设置了 Representor 端口参数，PF 驱动不仅创建自己的 ethdev，还会为用户指定的 VF 分别创建 ethdev，并将这些 ethdev 归入同一个 Switch Domain，如图 3-32 所示。PF 驱动会在 VF 的 ethdev 中注册一组 eth_dev_ops，App 就可以通过标准的 ethdev API 配置 VF，i40e 实现了很丰富的配置接口，例如 promiscuous mode 设置、mac addr 配置、vlan filter 等。

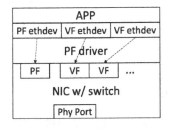

图 3-32　DPDK 中 Representor 端口的实现

Representor 端口和一般的以太网端口不同的是，由于它主要用来做管理配置，因此可以不实现收发包函数。如果需要处理 Exception Path 的流量，则需要实现相应的收发包函数接收来自对应 VF 的异常报文。

通过 VF Representor 端口调用的 Ethernet API 最终都是通过 PF driver 实现的，Representor 端口的作用就是封装了 PF 对 VF 的配置函数，使得用户可以通过标准的 ethdev API 对 VF 进行管理。

3.3 OVS-DPDK

Open vSwitch（OVS）是一个产品级质量的多层虚拟交换机，基于 Apache 2.0 许可。OVS 的设计初衷是支持可编程自动化网络大规模部署及拓展，能够支持标准网络管理接口和协议，如 NetFlow、sFlow、IPFIX、RSPAN、CLI、LACP、802.1ag 等。同时，它还需要支持与其他现有虚拟交换方案的混合部署，例如 VMware 公司的 vNetwork、思科公司的 Nexus 1000V 等。

由于丰富的功能和优秀的稳定性，OVS 在网络部署中得到了广泛的应用。源于近些年云计算的快速发展，很多云服务提供商将 OVS 用做大量虚拟机对外的快速数据通道，基于 OVS 发行版进行了功能添加和优化，一些基于硬件加速的 OVS 方案在近些年也得到了广泛的关注。

OVS 基本功能包括如下 4 大方面。

- 自动化控制：OVS 支持 OpenFlow，用户可以通过 ovs-ofctl 使用 OpenFlow 协议连接交换机实现查询和控制。
- QoS：支持拥塞管理和流量整形。
- 安全：支持 VLAN 隔离、流量过滤等功能，保证了虚拟网络的安全性。
- 监控：支持 Netflow、SFlow、SPAN、RSPAN 等网络监控技术。

3.3.1 OVS-DPDK 概述

1. OVS-DPDK 基本原理

最初的 OVS 版本通过 Linux 内核数据通道进行数据分发。然而，用户能够得到的最终吞吐量受限于 Linux 网络协议栈的性能。DPDK 作为用户态的高性能网络数据处理库，通过提供一系列的 Poll Mode 驱动，能够绕过 Kernel 的性能瓶颈，在物理网卡和用户态之间提供高速数据传输服务。通过将 DPDK 集成到 OVS 中，交换机的快速数据路径被切换到用户态，OVS-DPDK 原理如图 3-33 所示。

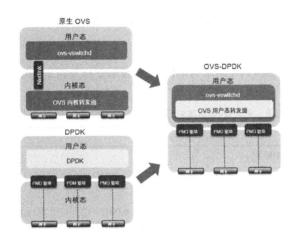

图 3-33 OVS-DPDK 原理

如图 3-34 所示为 OVS-DPDK 组件示意图。OVS 的交换端口通过 netdev 表示，在 OVS-DPDK 中，netdev-dpdk 是 DPDK 加速过的 I/O 端口，包括物理网卡 librte_eth（DPDK 支持市面上各种主流网卡，由对应的 PMD 进行驱动）、虚拟接口 librte_vhost（DPDK 版的用户态 vHost 实现，可工作在服务器端和客户端为虚拟机和宿主机之间提供高速数据传输通道）、dpif-netdev（提供了用户态的转发功能）、ofproto（OpenFlow 交换机的具体实现部分）、ovsdb-server（用来维护 OVS 的交换流表配置并负责与上层的 SDN 控制器的通信）。

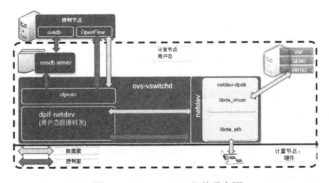

图 3-34 OVS-DPDK 组件示意图

2. OVS-DPDK 版本及功能

因为 OVS-DPDK 是基于 DPDK 提供的库，当 DPDK 的 API 有所变化时，OVS 也需要做出相应的修改才能适配，所以对 OVS 和 DPDK 的版本有一定要求来保证兼容性。OVS-DPDK 的很多新功能也依赖于 DPDK 新功能的添加。因此，建议使用 OVS 官网推荐的 DPDK 版本进行编译。

表 3-2 列出了主流 OVS 版本对 DPDK 的版本支持及新增的功能特性。

表 3-2 主流 OVS 版本对 DPDK 的版本支持及新增的功能特性

版本	
2.9	• 支持 DPDK 17.11 • 增加命令'dpif-netdev/pmd-rxq-show'查看每个 PMD 线程的使用率 • 增加批处理发包功能 • 支持 vHost IOMMU()：一旦启用 vHost IOMMU，虚拟机中的 vIOMMU 将保证 vHost 只能访问 Virtio 设备允许访问的内存区域。注意，Qemu 2.7～2.9 中配合使用该功能，将不能使用 Virtio 多队列，建议使用 Qemu 2.10 及以上版本。Qemu 中模拟 IOMMU 参考命令如下： 　-device intel-iommu,device-iotlb=on,intremap=on
2.9	因为 vIOMMU 的存在，在虚拟机中，可以将 Virtio 设备绑定到 vfio-pci 使用 • 增加 vhost-dequeue-zerocopy 支持（试验版） • 增加 dpif-netdev/pmd-rxq-rebalance 进行 CPU 核与 rxq 的动态绑定：使用该命令，当提供多个 CPU 核的时候，系统将根据每个 PMD 线程的工作负载压力，动态地调节 CPU 核与 pmd 线程的绑定关系，使运算负载尽可能均匀地分摊到每个 CPU 核上，参考命令如下： 　$ ovs-appctl dpif-netdev/pmd-rxq-rebalance
2.8	• 支持 DPDK 17.05.1 • 将 DPDK 的日志信息转到 OVS 的默认日志系统 • 将 dpdkvhostuser 端口提示为不建议使用
2.7	• 支持 DPDK 16.11 • 支持新参数 'n_rxq_desc' and 'n_txq_desc' 配置 DPDK 收发端口的描述符数目 • 支持 RX 校验计算卸载：OVS-DPDK 会自动检测网卡是否支持接收端校验计算卸载，如网卡支持，将自动启用。注意，此功能仅适用于硬件网卡，不适用于 vHost 端口 • 需要被 OVS 使用的网卡，必须给 dpdk-devargs 参数显式指定网卡的 PCI 地址，参考命令格式如下： 　$ ovs-vsctl set Interface dpdk0 type=dpdk options:dpdk-devargs=0000:81:00.0 • 支持 DPDK 虚拟设备驱动（vdev）

续表

2.6	• 支持 DPDK 16.07 • 参数 'other_config:pmd-rxq-affinity' 用来显式指定 DPDK 每个 rxq-pmd 线程和 CPU 核的绑定关系，参考命令如下： $ ovs-vsctl set Interface <iface> other_config:pmd-rxq-affinity=<rxq-affinity-list> 可通过命令 dpif-netdev/pmd-rxq-show 查看 rxq 和 core 的绑定关系 支持巨帧（Jumbo frame） 支持 vHost 客户端模式并支持 vHost 端重连（需配合 Qemu 2.7 以上版本） 去除了 dpdkvhostcuse 端口
2.5	支持 DPDK 2.2 支持 vHost-user 端口的多队列（需配 Qemu 2.5 以上版本）

3. OVS-DPDK 基本配置方法

下面将以 OVS 2.9.0 版本为例，介绍 OVS-DPDK 配置中的常用命令，方便读者参考使用。

（1）编译 OVS-DPDK

将 DPDK 加入 OVS 的编译配置路径。

```
./boot.sh
./configure --with-dpdk=$DPDK_BUILD
```

OVS 会使用多个默认文件夹存放 OVS 系统文件，如果想自定义配置 OVS 文件路径，可添加如下命令。

```
--prefix=/usr --localstatedir=/var --sysconfdir=/etc
```

编译。

```
make
```

（2）配置 OVS

包括建立 OVS-DB，启动 vSwitchd 等，示例如下。

```
$ export PATH=$PATH:/usr/local/share/openvswitch/scripts
$ export DB_SOCK=/usr/local/var/run/openvswitch/db.sock
$ ovs-vsctl --no-wait set Open_vSwitch . other_config:dpdk-init=true
$ ovs-ctl --no-ovsdb-server --db-sock="$DB_SOCK" start
```

启动 OVS-DPDK 特有的命令通过参数 other_config 进行配置，包括 DPDK 需要的 CPU、内存、vHost 建立连接的 Socket 文件路径等信息。

与 DPDK 相关的重要 other_config 参数如下所示。

- dpdk-init：通知 OVS 需要支持 DPDK 端口。此时有两种模式可选，选择为 True，OVS 在 DPDK EAL 初始化失败后报错，若选择为 Try，OVS 则会在 DPDK EAL 初始化失败后继续运行。
- dpdk-lcore-mask：用来设置 DPDK 初始化时用的 CPU 核。
- dpdk-socket-mem：用来设置被 DPDK 用到的内存大小。
- dpdk-sock-dir：当使用 vHost-user 端口时，这个参数决定存放 vHost-user socket 文件的位置。
- pmd-cpu-mask：实际用于 DPDK 数据转发面的 CPU 核。

（3）添加 DPDK 物理网卡端口

类似 OVS 内核版本，用户可以使用 ovs-vsctl 设置添加 bridge。

```
$ ovs-vsctl add-br br0 -- set bridge br0 datapath_type=netdev
```

添加物理网卡端口需要指定物理网卡的 PCI 地址，示例如下。

```
$ ovs-vsctl add-port br0 myportnameone -- set Interface myportnameone type=dpdk options:dpdk-devargs=0000:06:00.0
```

（4）添加 vHost-user 虚拟端口

vHost 和 Virtio 使用 client-server 模式，Server 端负责创建、管理、销毁 vHost Sockets。

OVS-DPDK 最主要的应用场景是云服务为虚拟机提供网络服务，在早期的 OVS 版本中，vHost-user 端口启动为 Server 模式，Qemu 虚拟机工作在 Client 模式，这种工作模式的弊端在于当 OVS 需要升级或重新配置时，需要重启所有的虚拟机。所以，当 OVS 支持 vHost-user client 模式后，更推荐将 Qemu 虚拟机启动为 Server 模式，vHost-user 端口作为 client 方进行连接，可以有效避免虚拟机在 OVS 升级过程中的重启。注意，Qemu 版本需大于 2.7 方可支持 vHost client 模式。

在 OVS-DPDK 中，支持两种 vHost-user 端口。

- vhost-user(dpdkvhostuser)：即 vHost-user 端口为 Server 模式，命令示例如下。

```
$ ovs-vsctl add-port br0 vhost-user-1 -- set Interface vhost-user-1 type=dpdkvhostuser
```

- vhost-user-client(dpdkvhostuserclient)：即 vHost-user 端口为 Client 模式，命令示例如下。

```
$ ovs-vsctl add-port br0 dpdkvhostclient0 -- set Interface dpdkvhostclient0 \
type=dpdkvhostuserclient
options:vhost-server-path=/tmp/dpdkvhostclient0
```

4．个性化参数配置

接下来将介绍一些 OVS-DPDK 的个性化配置参数，这些参数可能会提高某些特定场景下的性能，但只有使用者对应用场景有深入的理解才能进行合理配置。

（1）修改 DPDK 端口的收发描述符数量

DPDK 端口描述符的数量对于某些场景值得优化配置。对于零丢包性能要求较高的场景，需要使用较大的接收端描述符数目。例如，OVS 默认网卡的收发端描述符数目为 2048，对于使用了 vhost-dequeue-zerocopy 的场景，需要较小的端口发送描述符数目，如果 Virtio 端口的描述符为 256，推荐将网卡描述符设置为 128。在 OVS-DPDK 中，通过参数 n_txq_desc 和 n_rxq_desc 进行配置，示例如下。

```
ovs-vsctl set Interface dpdkport options:n_txq_desc=128
ovs-vsctl set Interface dpdkport options:n_rxq_desc=128
```

（2）支持巨帧

DPDK 默认支持的 MTU 值为 1500 字节。如果用户想支持巨帧，则需要采用如下命令修改 DPDK 端口的 MTU 值。

```
$ ovs-vsctl set Interface dpdk-p0 mtu_request=9000
```

需要注意的是，对于物理网卡端口，需要查看网卡的技术文档，确认网卡能支持的最大 MTU 值。

对于 vHost-user 端口，需要在 Qemu 建立虚拟机的时候打开 mergeable 功能才能支持巨帧，Qemu 参数示例如下。

```
-netdev type=vhost-user,id=mynet1,chardev=char0,vhostforce \
-device
virtio-net-pci,mac=00:00:00:00:00:01,netdev=mynet1,mrg_rxbuf=on
```

（3）vhost-dequeue-zerocopy（实验版）

在传统的 vHost dequeue，需要一次内存复制，将数据从虚拟机地址空间复制到宿主机地址空间。如果启用了 vHost dequeue zerocopy 功能，则可以节省这次内存复制，将内存指针直接传递给宿主机上的程序使用，如图 3-35 所示。

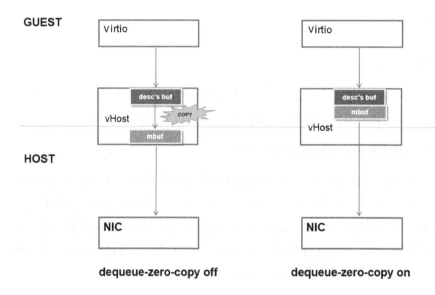

图 3-35 流匹配示意图

对于大包来说，该功能的启用能够提高一定的性能，但需要注意的是，因为指针传递内存，vHost 必须要等宿主机处理完该段数据相应的任务后，才能归还 virt queue 上的描述符。如果宿主机使用网卡将数据包发送出去，必须注意以下两点。

- 网卡的发送描述符数目必须小于 Virtio 发送端描述符的数量，否则当网卡占用大量描述符时，Virtio 设备将没有描述符使用，会锁死数据传输。在 Qemu 2.10 版本以前，Virtio 设备的默认描述符数量是 256，这时，推荐将网卡的发送端描述符设置成 128。在 Qemu 2.10 版本以后，可以将 Virtio 的最大发送描述符设置成 1024。

```
-chardev socket,id=char0,path=./vhost-net \
-netdev type=vhost-user,id=netdev0,chardev=char0,vhostforce \
```

```
-device virtio-net pci,netdev=netdev0,mac=52:54:00:00:00:01,mrg_\
rxbuf=on,tx_queue_size=1024 \
```

- 网卡将数据发送完毕后，应尽快释放描述符，这样 vHost 可以在第一时间释放锁定的描述符，Virtio 设备可用的描述符将会尽可能多。这样的设置对于保障小包的传输性能是极其重要的。在 DPDK 中，网卡归还描述符的行为取决于网卡驱动中 tx_free_thresh 的设置。以英特尔 I40E 设备为例，默认的设置为 "#define I40E_DEFAULT_TX_FREE_THRESH 32"，表明当网卡发送端空闲的描述符只剩下 32 个时，网卡才开始归还描述符。当 dequeue-zero-copy 启用后，这样的设置将占用大量 Virtio vring 中的描述符。如果需要获得较好的小包数量，需要将这个值尽可能地调大。

3.3.2　OVS-DPDK 性能优化

1. 多虚拟机环境下 OVS-DPDK 的性能影响因素

OVS-DPDK 的主要设计目标是获得高吞吐量的交换能力。这里讨论影响 OVS-DPDK 的主要因素及高阶配置用法。影响 OVS-DPDK 吞吐量的关键因素论述如下。

（1）vHost enqueue burst size

收发函数是数据通道中被调用最多的部分，如果在数据收发中，每次调用收发函数只发送 1 个包，对 CPU 运算资源会产生很大的浪费。每次收发函数能够批量处理一批数据包，能大大提升 CPU 的使用效率。

在 DPDK 中，默认的 TX/RX burst size 最大值为 32，OVS 基于 DPDK，也采用这个值。当 OVS-DPDK 需要支持的端口数较少时，各个端口依然能够批量收发数据包。但是，当 OVS-DPDK 部署在类似云服务的环境中时，可能会有几十个甚至上百个虚拟机。相应地，OVS 中会有相应数量的 vHost-user 端口提供后端服务。这样就会存在 vHost 端口 burst size 过小的问题。在物理网卡每次 RX 收到的一批数据包中，如果数据包去往不同的 VM，则需要调用多个 vHost-user 端口的 TX 函数，每个 TX 函数调用发送的包数量也会很小，这是严重影响吞吐量的因素。

（2）流匹配开销

在 OVS 中，每个数据包需要根据流匹配结果决定下一步的数据流向和动作。OVS-DPDK 提供三层流匹配方案（EMC、dpcls 和 ofproto），如图 3-36 所示。

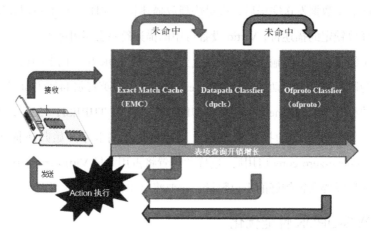

图 3-36　三层流匹配方案

在 OVS-DPDK 中，每个 DPDK PMD 线程都会包含一个 EMC 表，EMC 匹配为精确匹配，EMC 表会缓存一定数量的流信息。当数据包的五元组（源 IP、源端口、目的 IP、目的端口和协议号）完全匹配 EMC 表中的表项时，能够立刻获得相对应的下一步动作信息。

但因空间限制和效率的问题，在 OVS-DPDK 中 EMC 表项大小默认为 8192。一旦发生 EMC 失配，将会通过 dpcls 进行流匹配。dpcls 表中包含若干个子表，采用通配符的方式进行模糊匹配，该匹配可以只匹配部分字段，例如只匹配源 MAC 地址。

dpcls 匹配流成功后，会将当前流添加到 EMC 表中，这样的话，该流的后续数据包可以进行快速处理。当 dpcls 也失配时，OVS 只能将数据包通过 ofproto 传给 OpenFlow 控制器进行处理，这个查询是最消耗时间的，将会是 EMC 查询时间的数十倍。

为了解决以上影响吞吐量的关键问题，用户可以合理利用 OVS-DPDK 提供的以下功能进行性能优化。

- 批处理发包

为了解决之前提到的影响 OVS 吞吐量的 vHost TX size（发送大小）问题，OVS-DPDK 提出了批处理发包的概念。在此之前，当 OVS 收到一批数据时，如果匹配了不同的流，但是发送端口如是同一个，OVS 则会进行集体发送来提高效率。但是，对于比较慢的前端，比如虚拟机中 Virtio-net 驱动，vHost 端口的 TX size 依然很小，于是批处理发包应运而生。

简单说来，当每个端口得知自己有数据包要发送的时候，如果 TX 的数据包数量很小，并不是立刻发送，而是等待一些时间，直到超时，或者达到了最大 TX size 的时候才会发送，示例命令如下。

```
$ ovs-vsctl set Open_vSwitch . other_config:tx-flush-interval=50
```

需要注意的是，这个参数会同时影响吞吐量和延时。数值设置得越大，吞吐量提高得越大，而且延时也会相应提高。50 ms 这个参考值，是基于 x86 平台在 PVP 测试场景中经过测试达到的一个推荐值，并不适用所有场景。读者在自己网络部署中，需要针对不同的应用场景自行优化这个值的设置。

可以通过如下命令查看当前的每个端口批量发送数据包的平均值。

```
$ ovs-appctl dpif-netdev/pmd-stats-show
```

在云服务提供商的宿主机上，一般会运行较多的虚拟机，而且虚拟机中运行的多数是慢速的内核驱动设备，数据离散度较高，该功能的开启能够显著提高多虚拟机环境下的网络吞吐量，对于云服务提供商会有较大的帮助。

- 使用多队列提高 EMC 命中率

提高 OVS-DPDK 整体吞吐量是很多网络开发人员的主要任务。配置网卡和 vHost 端口的多队列是一个能够快速提高吞吐量的方法。首先，利用网卡多队列功能，可以利用更多的 CPU 核参与到数据转发中来，提供更高的运算能力。其次，根据前面描述的 EMC 特性，EMC 表是基于每个 EMC 线程的，提供多队列，可以提高总的 EMC 表项数，配合网卡自带的 RSS 等分流功能，可以提高 EMC 命中率，大大减少数据包匹配查找的时间。在 OVS 中，配置多队列的命令如下。

```
$ ovs-vsctl set Interface <DPDK interface> options:n_rxq=<integer>
```

- PMD 线程和 CPU 核的手动绑定

OVS-DPDK 会对所有的 PMD 线程和可用于 DPDK PMD 的 CPU 核进行默认绑定。但在有些场景下，需要根据每个 PMD 线程的工作负载程度重新配置 CPU 的绑定关系，以获得更好的性能和能耗表现。在 OVS-DPDK 中，可以利用以下命令进行配置。

多队列端口的 CPU 核绑定示例如下。

```
$ ovs-vsctl set interface dpdk-p0 options:n_rxq=4 other_config:pmd-rxq-affinity="0:3,1:7,3:8"
```

该命令将 dpdk-p0 端口进行如下绑定：队列 0，CPU Core 3；队列 1，CPU Core 7；队列 2，不绑定；队列 3， CPU Core 8。

2. GSO

对于通常情况，网卡的 MTU 一般是 1500，而在 Linux 应用层，能够发送的数据包远远大于这个长度，这个时候就需要对数据包进行分片才能通过网卡发送。对于 TCP/IP 数据包来说，每个分片过的 TCP 包都需要通过内核协议栈进行处理；而内核协议栈进行数据包分片的计算开销是很大的，是很多场景下的性能瓶颈。针对这一问题，用户希望在传输层和网络层避免这些切片操作，将这些操作尽可能地延后。现在主流的方法有两种：

- 硬件网卡进行切片，将之前所述的计算任务卸载到网卡。
- 依然由处理器进行切片，但是将切片动作延迟至发送网卡驱动之前。

现在市面上的主流网卡基本都能支持 TSO（TCP Segmentation Offload），如果网卡支持 TSO，TCP 包交由网卡进行切片是最高效的。但是网卡切片的灵活性并不够，对于非 TCP 包的切片，例如 VXLAN、GRE 包等，很多网卡并不支持切片卸载。因此，基于软件的 GSO 被提了出来，作为网卡切片卸载功能缺失下的有效补充。采用基于软件的 GSO（Generic Segmentation Offload）有以下好处：不依赖于硬件网卡，对虚拟机中部署的虚拟网络设备也适用，例如 Virtio 设备；易于拓展，当有新的协议需要支持分片时，基于软件的 GSO 更容易快速实现，相比硬件解决方案更具有灵活性。

现在的应用程序编写逻辑一般是在数据包发送给网卡前，先判断网卡是否支持当前包类型的硬件切片卸载，如果网卡支持，则由网卡切片并发送；如果网卡不支持，则调用 GSO 进行切片，然后发送给网卡驱动。图 3-37 所示为 GSO 原理示意图。

GSO 在 DPDK 17.11 中被开发集成，作为库提供给用户使用。现在支持三种类型的数据包：TCP、VXLAN 和 GRE。在 DPDK 18.08 中，UDP 包的切片也被集成到

GSO 的库中。DPDK GSO 集成到 OVS 的工作正在进行中，初步计划会在 OVS 2.11 版本中发布。

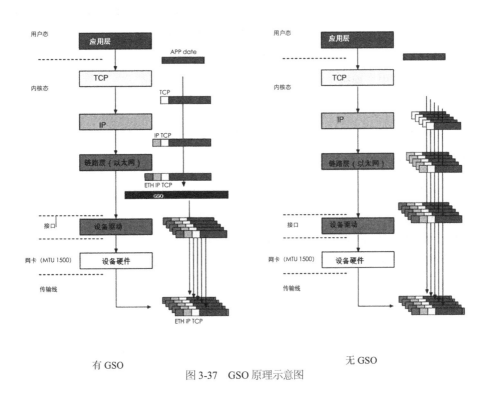

图 3-37 GSO 原理示意图

在 OVS-DPDK 中，GSO 的最常见的应用场景是跨主机的虚拟机之间的通信。当 Qemu 启动时，Qemu 配置参数 host_tso4 会通知 Virtio，vHost 后端有 TSO 能力，请 Virtio 设备发送大包时无须分片。需要注意的是，必须同时打开 csum，否则 VM 中的 Virtio 设备仍会进行分片动作，Qemu 参考命令如下。

```
-netdev type=vhost-user,id=mynet1,chardev=char0,vhostforce \
-device    virtio-net-pci,mac=00:00:00:00:00:01,netdev=mynet1,
mrg_rxbuf=on, csum=on,host_tso4=on
```

vHost 收到大包后，转送给 DPDK 物理端口进行发送，在物理端口驱动进行数据包发送前，OVS-DPDK 调用 GSO lib 进行 TCP 包的分片，以此来卸载虚拟机中 CPU 对数据包分片的工作。

3.4 FD.IO：用于报文处理的用户面网络协议栈

FD.IO 是许多项目和库的一个集合，基于 DPDK 并逐渐演化，支持在通用硬件平台上部署灵活可变的业务。FD.IO 为软件定义基础设施的开发者提供了一个平台，可以创建多个项目，开发基于软件的报文处理创新方案，便于设计高吞吐量、低延时和有效利用资源的应用程序，并能够应用在多个平台上（x86、ARM 和 PowerPC）和部署在不同的环境中（裸机、虚拟机和容器）。

FD.IO 的一个关键项目是 VPP（Vector Packet Processing，矢量报文处理）。VPP 是高度模块化的项目，新开发的功能模块很容易被集成进 VPP，而不影响 VPP 底层的代码框架。这就给了开发者很大的灵活性，可以创新不计其数的报文处理解决方案。

除了 VPP，FD.IO 充分利用 DPDK 特性以支持额外的项目，包括 NSH_SFC、Honeycomb 和 ONE 来加速网络功能虚拟化的数据面。此外，FD.IO 还与其他关键的开源项目进行集成，以支持网络功能虚拟化和软件定义网络。目前已经集成的开源项目包括 OPNFV、OpenStack 和 OpenDaylight。

如图 3-38 所示为 FD.IO 网络生态系统。

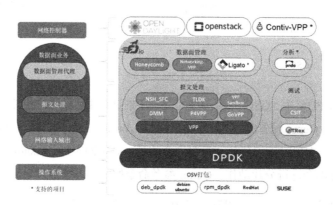

图 3-38　FD.IO 网络生态系统

3.4.1　VPP

VPP 到底是什么？一个软件路由器？一个虚拟交换机？一个虚拟网络功能？事实上，它不只是这些。VPP 是一个模块化和可扩展的软件框架，用于创建网络数据平面应用程序。更重要的是，VPP 代码为现代通用处理器平台而生，并把重点放在优化软件和硬件接口上，以便用于实时的网络输入输出操作和报文处理。

VPP 充分利用通用处理器优化技术，包括矢量指令（例如 Intel SSE 和 AVX）及 I/O 和 CPU 缓存间的直接交互（例如 Intel DDIO），以达到最好的报文处理性能。利用这些优化技术的好处是：使用最少的 CPU 核心指令和时钟周期处理每个报文。在最新的 Intel Xeon-SP 处理器上，可以达到 Tbps 的处理性能。

VPP 是一个有效且灵活的数据平面，如图 3-39 所示，它包括一系列按有向图组织的转发图形节点和一个软件框架。该软件框架包含基本的数据结构、定时器、驱动程序、在图形节点间分配 CPU 时间片的调度器、性能调优工具，比如计数器和内建的报文跟踪功能。

VPP 采用插件架构，插件与直接内嵌于 VPP 框架中的模块一样被平等对待。原则上，插件是实现某一特定功能的转发图形节点，但也可以是一个驱动程序，或另外的 CLI，或 API 绑定。插件能被插入 VPP 有向图的任意位置，从而有利于快速灵活地开发新功能。因此，插件架构使开发者能够充分利用现有模块快速开发出新功能。

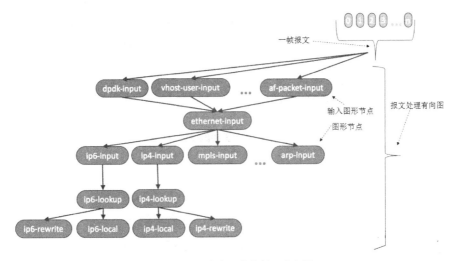

图 3-39　VPP 架构的报文处理有向图

输入节点轮询（或中断驱动）接口的接收队列，得到批量报文。接着把这些报文按照下个节点功能组成一个矢量（vector）或一帧（frame）。比如，输入节点收集所有 IPv4 的报文并把它们传递给 ip4-input 节点；输入节点收集所有 IPv6 的报文并把它们传递给 ip6-input 节点。当 ip6-input 节点被调度时，它取出这一帧报文，利用双次循环（dual-loop）、四次循环（quad-loop）及预取报文到 CPU 缓存技术处理报文，以达到最优性能。这能够通过减少缓存未命中数来有效利用 CPU 缓存。当 ip6-input 节点处理完当前帧的所有报文后，会把报文传递到后续不同的节点。例如，如果某报文校验失败，就被传送到 error-drop 节点，正常报文被传送到 ip6-lookup 节点。一帧报文依次通过不同的图形节点，直到它们被 interface-output 节点发送出去。

按照网络功能一次处理一帧报文，有几个好处：

- 从软件工程的角度看，每一个图形节点是独立和自治的。VPP 图形节点的处理逻辑如图 3-40 所示。
- 从性能的角度看，首要好处是可以优化 CPU 指令缓存（i-cache）的使用。当前帧的第一个报文加载当前节点的指令到指令缓存，当前帧的后续报文就可以"免费"使用指令缓存。VPP 充分利用了 CPU 的超标量结构，使报文内存加载和报文处理交织进行，更有效地利用 CPU 处理流水线。
- VPP 也充分利用了 CPU 的预测执行功能来达到更好的性能。从预测重用报文间的转发对象（比如邻接表和路由查找表），以及预先将报文内容加载到 CPU 的本地数据缓存（d-cache）供下一次循环使用，这些有效使用计算硬件的技术，使得 VPP 可以利用更细粒度的并行性。

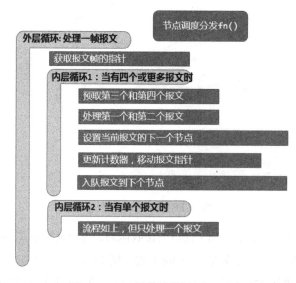

图 3-40　VPP 图形节点的处理逻辑

依靠有向图处理的特性，使 VPP 成为一个松耦合、高度一致的软件架构。每一个图形节点利用一帧报文作为输入和输出的最小处理单位，提供了松耦合的特性。通用功能被组合到每个图形节点中，提供了一致的架构。

在有向图中的节点是可替代的。当这个特性与 VPP 支持动态加载插件节点相结合时，有趣的新功能可以被快速开发，而不需要新建和编译一个定制的代码版本。

3.4.2　FD.IO 子项目

1. Honeycomb 和 Hc2vpp

Honeycomb 是一个通用的基于 Java 语言的 netconf/restconf 管理代理，并提供一个框架用于构建特定的代理。它充分利用了许多 OpenDaylight 项目（比如 yangtools、controller、mdsal 和 netconf）的功能和特性。使用 Honeycomb 的最重要例子就是 VPP，如图 3-40 所示。Honeycomb 作为一个管理代理，使得 VPP 可以和 SDN 控制器集成在一起，比如 Opendaylight。

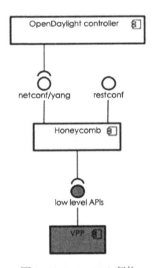

图 3-41　Honeycomb 架构

Hc2vpp 是一个基于 Java 的代理，运行在与 VPP 实例相同的主机上。它通过 netconf 或者 restconf 提供 yang 模型，便于上层应用程序可以控制 VPP 实例。

2. CSIT

CSIT（Continuous System Integration and Testing，持续系统集成和测试）项目主

要包含以下内容：

- 开发软件代码支持全自动化测试 VPP 的功能测试、性能测试和回归测试。
- 在虚拟机或物理计算机上执行 CSIT 测试用例集。

与 FD.IO 的持续集成系统（比如 Gerrit 与 Jenkins）进行集成。

如图 3-42 所示，CSIT 遵循层次化的系统设计原则，被测设备（DUT）和被测系统（SUT）位于系统的底层，呈现层位于系统的顶层，其他功能单元位于中间层。

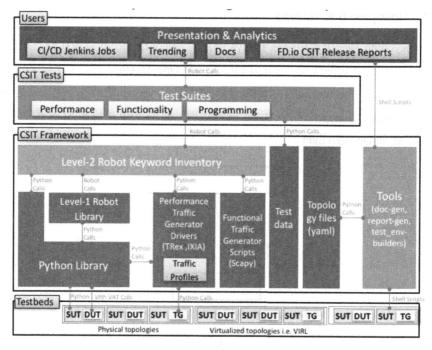

图 3-42　CSIT 系统设计架构

3. NSH_SFC

NSH_SFC 项目充分利用 VPP 提供的基本框架和功能，处理 NSH 协议头部信息，提供基于 NSH 信息的数据转发，以支持 SFC（业务功能链）。目前，该项目已支持 SFC 协议中要求的所有功能实体，包括 Ingress Classifier（入向分类）、SFF（业务功能转发）、SF-Proxy（业务转发代理）、Egress Classifier（出向分类）等。

如图 3-43 所示，NSH_SFC 编译生成一个 plugin，并安装在 VPP 的 plugin 目录下。

当 VPP 启动时，就会自动加载运行 NSH_SFC plugin。当 NSH_SFC plugin 接收 VPP 转发来的报文时，就会查找 NSH Map 表，以便决定下一步的操作（比如 push、swap、pop NSH 头部），而 NSH Entry 表中保存着对应的 NSH 头部信息。

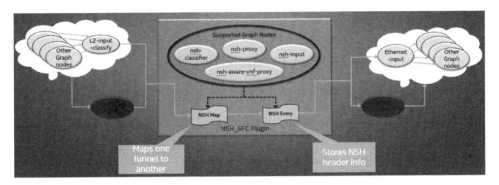

图 3-43 NSH_SFC

4．VPP Sandbox

VPP Sandbox 是一个临时的仓库，用于存放实验性的 VPP 扩展、插件、库或脚本。目前仓库里包含很多项目，其中应用比较广泛的是 Router 插件。

如图 3-44 所示，Router 插件为每一个数据面接口创建一个 Tap 接口，通过 Netlink listener 把应用到操作系统的配置信息镜像到 VPP 数据平面。

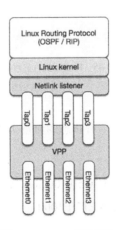

图 3-44 Router 插件架构

如图 3-45 所示为 Router 插件软件架构，具体的处理流程如下：

（1）Router 插件为一个数据面接口创建一个 Tap 接口。

（2）把目的地址为本地的报文、组播报文和广播报文通过 Tap 接口转发到主机协议栈处理。

（3）BIRD 接收并处理 Tap 接口上的报文。

（4）librtnl 通过 Netlink 与 Linux 内核协议栈进行交互。

（5）Router 插件通过 librtnl 侦听 Netlink 地址、链路、邻接和路由信息。

（6）把侦听到的信息配置到 VPP 的路由转发表里。

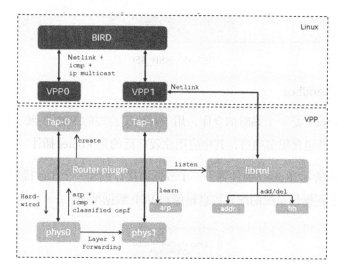

图 3-45　Router 插件软件架构

5．TRex

TRex 是一个低成本、高性能、有状态的流量生成器。TRex 支持如下有状态的功能集。

- 支持 DPDK 1/2.5/5/10/25/40/50/100Gb/s 接口。
- 支持虚拟化接口：VMXNET3/E1000。
- 延迟测量和抖动测量。
- 流排序检查。
- NAT、PAT 动态翻译学习。

- Python 自动化 API。
- Windows GUI 支持实时延迟、抖动和排序。

TRex 支持如下无状态的功能集：

- 支持最大 20Mp/s 的流量。
- 可以修改报文内部的任何字段。
- 支持连续、突发、多个突发。
- 支持交互模式：Console、GUI。
- 每条流的统计、延迟和抖动。
- 多用户支持。

6．GoVPP

GoVPP 是一个基于 Golang 语言的 VPP 管理工具集。它包含一系列的 Golang packages，提供 Go API 用于 VPP 的管理，这些 Go API 由 VPP binary API 产生。GoVPP 项目能够被任何用 Golang 语言编写的管理平面和控制平面使用。

GoVPP 项目包含分离的 GoVPP API package 和 GoVPP core package。如图 3-46 所示，GoVPP core 作为 master，负责与 VPP 交互。多个 Agent plugin 作为客户端，通过 Go PP core 与 VPP 进行交互。这些客户端能够被构建到独立的共享库中，不需链接 GoVPP Core 及其依赖文件。

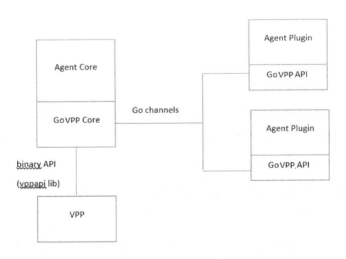

图 3-46　GoVPP 软件架构

7. P4VPP

P4 是一种行业特定语言,允许开发者为不同的架构编写一套统一的报文处理程序,包括交换 ASIC、网络处理器和通用处理器。

P4VPP 项目将 P4 语言的这些特性在 VPP 数据平面软件上进行支持。它构建一个 P4 工具链,使得用户提供的 P4 程序能够适配到 VPP 软件平台上,因此能够减少新增功能的工作量,并把为了达到高性能而需要的复杂性转移到 P4 编译器上。

如图 3-47 所示为 P4VPP 架构,显示 P4 程序如何通过 P4VPP 编译器适配到 VPP 软件平台上。

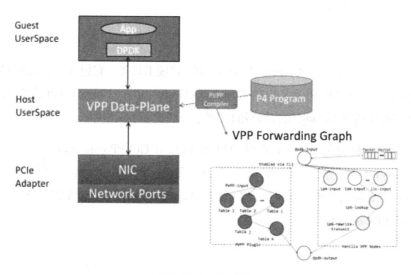

图 3-47　P4VPP 架构

8. DMM

DMM(Dual Mode Multi-protocol Multi-instance,双模、多协议、多实例)项目实现了一个传输层不可知的框架,用于网络应用程序,能够实现如下功能:

- 用户面协议栈和内核协议栈能够并存。
- 根据用户的功能和性能需求,选择不同的网络协议栈。
- 一个传输协议栈可以同时运行多个实例。

如图 3-48 所示,DMM 框架向上层应用程序提供 POSIX 套接字,任何一个协议栈可以作为一个插件加入 DMM 框架。DMM 根据 RD 策略选择合适的网络协议栈。

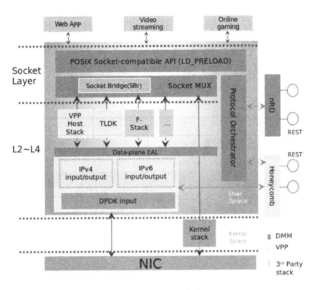

图 3-48 DMM 架构

3.4.3 与 OpenDaylight 和 OpenStack 集成

1. 与 OpenDaylight 集成

下面以 OpenDaylight 里的 SFC 项目与 VPP 集成为例，介绍 VPP 如何与 OpenDaylight 集成。

如图 3-49 所示，SFC 项目把需要配置的路径信息保存到 Data Store 中，VPP Renderer 和 VPP Classifier 读取对应的配置信息并进行适配，通过 Netconf 协议与 VPP 节点进行交互。

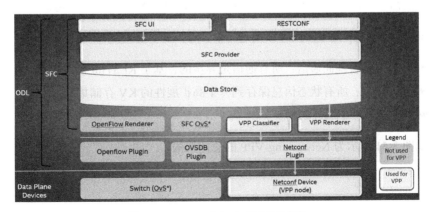

图 3-49 OpenDaylight 中 SFC 软件架构

如图 3-50 所示，配置的 SFC 信息需要通过 Honeycomb 进行信息的转换和适配，然后通过预先建立的 VPP 通道，把信息配置到 VPP 数据面。配置信息分为两部分：一部分配置 VPP 核心功能，包括接口、地址、路由等；另一部分配置 SFC 特定的信息。

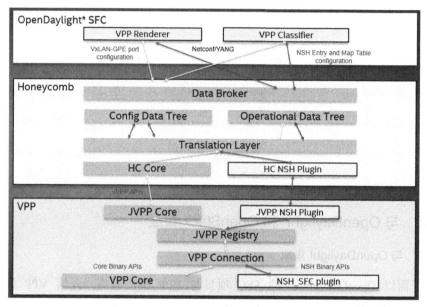

图 3-50　SFC 与 VPP 集成的架构

2. 与 OpenStack 集成

networking-vpp 是 OpenStack 下的一个子项目，目的是通过 ML2 接口为 OpenStack 提供一个简单、稳定、产品级的 VPP 集成方案，用于 NFV 和云应用场景。

networking-vpp 的主要设计原则是简单、可扩展、易用。

- 有效的管理面通信：所有通信是异步的，基于 RESTful 接口。
- 可用性：所有状态信息保存到一个高扩展性的 KV 存储集群 etcd 中。
- 代码短小、易于理解。

如图 3-51 所示为 Networking-VPP 的总体架构。

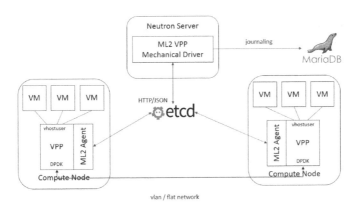

图 3-51　Networking-VPP 总体架构

Networking-VPP 的主要组件功能如下所示：

- Networking-VPP ML2 驱动：实现了 Neutron ML2 机制的驱动 API，运行在控制节点上。
- Networking-vpp ML2 代理：配置 VPP 数据平面。运行在每个计算节点上。
- etcd（版本>= 3.0.x）：存储 ML2 代理信息，并开启 ML2 驱动与 ML2 代理之间的通信。etcd 实例可以运行在控制节点或专用节点上。

3.4.4　vBRAS

如图 3-52 所示，OpenBRAS 项目中建议的 vBRAS 软件架构。OpenBRAS 项目是由中国电信、英特尔、浪潮和其他一些公司共同发起的开源项目，它基于转控分离架构。

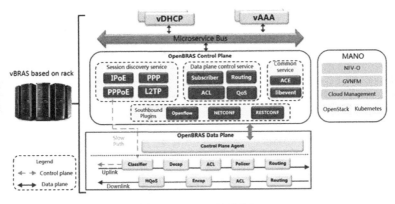

图 3-52　vBRAS 软件架构

vBRAS 上行报文处理流程如图 3-53 所示。

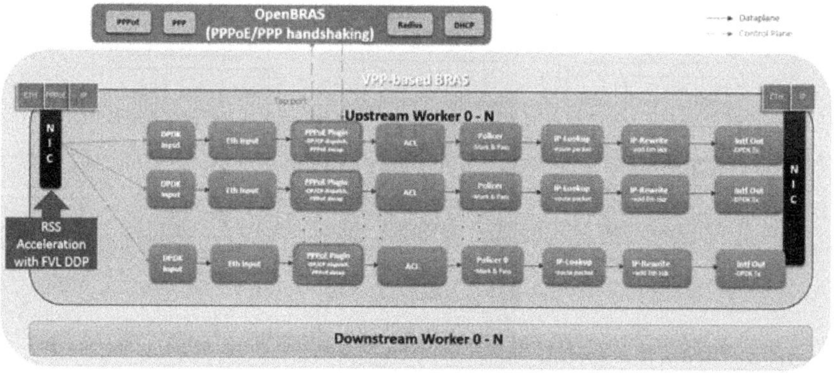

图 3-53　vBRAS 上行报文处理流程

接入侧网卡接收到报文后，通过 RSS 功能把报文分发到不同的上行工作线程对应的队列中。

每个上行工作线程从对应的队列中读取报文，需要经过一系列的功能模块处理，例如 PPPoE 解封装、ACL、Policer、路由查找，然后从上连网卡发送出去。

在 PPPoE 解封装模块，如果是 PPPoE 协议报文，则通过 Tap 端口发送给 OpenBRAS 控制平面。

OpenBRAS 控制平面的协议报文通过 Tap 端口下插到 VPP 数据平面，并通过数据平面转发。

vBRAS 下行报文处理流程如图 3-54 所示。

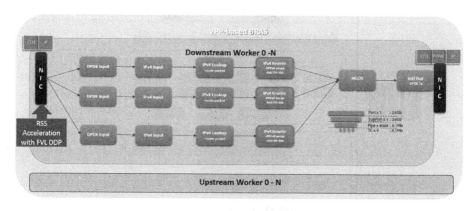

图 3-54　vBRAS 下行报文处理流程

具体的下行报文处理流程如下：

上连侧网卡接收报文后，通过 RSS 功能把报文分发到不同的下行工作线程对应的队列中。

每个下行工作线程从对应的队列中读取报文，需要经过一系列的功能模块处理，例如路由查找、HQos、PPPoE 封装，然后从接入侧网卡发送出去。

第 4 章 网络控制

如图 4-1 所示为一个完整操作系统的基本视图,它传递了这样的信息——操作系统将硬件和应用程序分离开来。

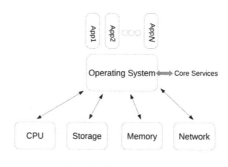

图 4-1 操作系统基本视图

操作系统一方面负责与计算机硬件进行交互,实现对硬件的编程控制和接口操作,调度对硬件资源的访问,另一方面为用户应用程序提供一个高级的执行环境和访问硬件的虚拟接口。

而对于网络时代,随着云计算机、物联网、大数据、5G 的到来,网络流量越来越大,需要解决网络安全控制、网络拥塞控制等各种关键问题。传统网络的网卡、网线、网络协议栈、中继器、Hub、网桥、交换机、路由器、无线 AC/AP 及提供额外网络服务的防火墙等难以配置与管理,华为、思科等网络提供商各有相应的配置命令。另外,由于大部分网络产品是硬件产品,希望增加新的功能时只能向厂商反映,由厂商解决用户及运营商的需要,导致周期长、效率低。

这种纷乱的状况促进了 SDN(Software Defined Network,软件定义网络)的诞生,SDN 并不是一个具体的技术与协议,而是一个思想、一个框架,只要网络硬件可以通过软件集中式管理、可编程、控制与转发分离,就可以认为这是一个 SDN 网络。为了更简洁、方便、友好地使用各种硬件资源,SDN 把网络产品的控制功能提取出来,统一放到 SON 控制器(SDNC,SDN Controller)中,只保留其数据转发的功能。

类似于图 4-1,SDN 的基本视图可以表示为图 4-2。

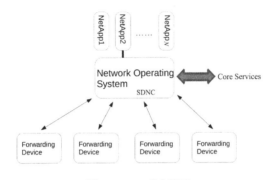

图 4-2　SDN 基本视图

SDNC 基于硬件设备之上,扮演了类似操作系统的角色,将通用的网络硬件与网络应用隔离开来。SDNC 如同网络的"大脑"控制着网络中的所有设备,而原来的通用网络硬件只需要听从 SDN 控制器的命令进行"傻瓜式"转发就可以了。于是,SDN 简单模型如图 4-3 所示。

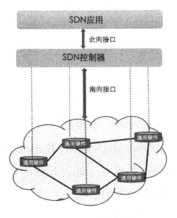

图 4-3　SDN 简单模型

- 集中控制：逻辑上的集中控制能够支持获得网络资源的全局信息，并根据业务需求进行资源的全局配置和优化，例如流量控制、负载均衡等。
- 开放接口：通过开放的南向接口和北向接口，能够实现应用和网络的无缝集成，应用能告知网络如何运行才能更好地满足自己的需求，例如业务的宽带、时延需求、计费对路由的影响等。
- 网络虚拟化：通过南向接口的统一和开放，屏蔽了底层物理转发设备的差异，实现了底层网络对上层应用的透明化。

目前开源的 SDNC 主要有 NOX/POX、Floodlight、Ryu、OpenDaylight（ODL）、OpenContrail、Open Network Operating System（ONOS）等。下面对 ODL 以及 Tungsten Fabric 展开介绍。

4.1　OpenDaylight

SDN 的提出在业界引起了很大的反响，众多的网络用户都将其视为可以摆脱网络设备商牵制的机会。于是在 2011 年创建了一个非营利性组织 ONF，致力于制定 SDN 统一标准，推动 SDN 的产业化。ONF 的工作重点是制订南向接口标准 OpenFlow，并且推出了一系列 OpenFlow 协议，其中较为稳定的是 OpenFlow1.0 和 OpenFlow1.3 版本。ONF 基于用户的角度制订协议标准，维护用户的利益，但也存在一些问题。

网络设备的研发是一个系统化工程，需要丰富的实战经验，而这些正是网络用户缺乏的，因此导致制订出来的 OpenFlow 协议过于理想化，只能在实验及简单网络环境中应用，无法进行大规模商用。在这种情况下，ONF 不得不接受网络设备商的参与。2013 年 4 月，设备商和软件商主导创建了另一个 SDN 组织 ODL，网络设备商出于自身利益，也加入 SDN 大军中。

4.1.1　ODL 社区

ODL 聚集了行业中领先的供应商（主要是网络厂商）和 Linux 基金会的一些成员，包括思科、IBM、Intel、Juniper、BigSwitch、Broadcade、Redhat、VMware、NEC、Arista、HP、Citrix、Ericsson 等，目的在于通过开源的方式创建一个供应商中立的开放环境，打造一个共同开放的 SDN 平台，在这个平台上每个人都可以贡献自己的力量，从而不断推动 SDN 的部署和创新。

ODL 开源社区采用开放的管理模式,个人以及网络服务供应商或是云服务供应商都可以加入,无论什么人都可以贡献代码。自成立以来,ODL 已经先后推出了氢 Hydrogen、氦 Helium、锂 Lithium、铍 Beryllium、硼 Boron、碳 Carbon、氮 Nitrogen、氧 Oxygen、氟 Fluorine 九个版本。

ODL 包括多个子项目。每个项目的运营都离不开贡献者(Contributor)、提交者(Committer)和项目管理者(Project Leader)。贡献者开发代码或贡献其他成果,提交者具有将代码提交到该子项目源代码管理系统的权限,决定项目的设计和技术方向,项目管理者负责制定该子项目项目的整体方向并向 TSC(技术指导委员会)汇报。

ODL 子项目的推出方式类似于 OpenStack,新的子项目成熟后即可加入 ODL 核心项目。项目提出后进入生命周期,需要做出相应的模型,解释每个部分实现什么功能并付诸代码进行实现。一个新项目的资深成员需要在项目启动三个月内选拔新成员参与项目,项目才能获得 TSC 的批准。这种方式能够鼓励新成员更加深入地参与,为社区注入源源不断的新生力量。

4.1.2 ODL 体系结构

根据 ODL 的官方文档,ODL 在设计的时候遵循了六个基本的架构原则。

- 运行时的模块化和可扩展化:支持在控制器运行时进行服务的安装、删除和更新。
- 多协议的南向支持:南向支持多种协议。
- 服务抽象层:南向的多种协议对上层提供统一的服务接口。Hydrogen 中全线采用 AD-SAL(API-Driven SAL,API 驱动),Helium 版本 AD-SAL 和 MD-SAL(Model-Driven SAL,模型驱动)共存,Lithium 之后基本使用 MD-SAL 架构。
- 开放可扩展的北向 API:通过 REST 或函数调用方式为用户或应用服务提供开放可扩展的 API。
- 支持多租户、切片:允许在逻辑或物理上将网络划分成不同的切片或租户。
- 一致性聚合:能够确保网络一致性的横向扩展(scale-out),即良好的"克隆"能力。

依照这样的设计原则，ODL 有如图 4-4 所示的架构。

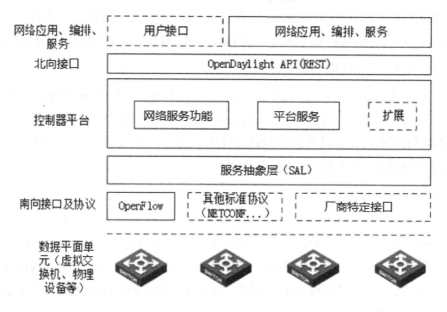

图 4-4 ODL 架构

大体可以分为三个部分：网络应用、编排、服务；控制器平台；数据平面单元。三者之间通过北向接口与南向接口连接。控制器向上层应用提供北向接口，上层应用通过控制器收集信息并进行分析、部署新的网络规则等。南向接口通过插件的方式支持 OpenFlow 1.0、OpenFlow 1.3、BGP-LS 等多种协议，这些协议插件动态地连接在服务抽象层 SAL 上。

（1）数据平面单元

ODL 架构的底层由物理设备、虚拟设备组成，包括传统交换机、纯 OpenFlow 交换机、混合模式的交换机等。

（2）南向接口及协议

ODL 控制器通过南向接口访问与控制底层的物理与虚拟设备。南向接口使用 Netty 管理底层的并发 I/O。南向接口能够支持多种协议，OpenFlow 1.0、OpenFlow 1.3、OVSDB、NETCONF、LISP、BGP、PCEP 和 SNMP 等协议以插件的方式动态地挂载在 SAL 上，如图 4-5 所示的 SNMP 协议插件。

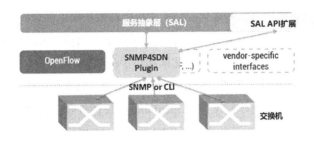

图 4-5　SNMP 协议插件

SNMP 插件通过 SNMP 协议把流配置安装到以太网交换机的转发表、ACL 和 VLAN 表中，此外需要扩展 SAL 的 API 支持一些设置。

（3）控制器平台

控制器是 ODL 的核心，基于 Java 开发，理论上可以运行在任何支持 Java 的平台上。

ODL 控制器基于 OSGi（Open Service Gateway Initiative）框架，实现了模块化和可扩展化。OSGi 框架实现了一个优雅、完整和动态的组件模型，可以将 ODL 控制器包含的众多功能模块动态组合并提供不同的服务。软件开发一直在追求模块之间真正的"解耦"，而 OSGi 就可以满足这样的要求：在不同的模块中做到彻底的、物理上的分离，而不是逻辑意义上的分离，也就是说在部署之后，可以在运行时不停止服务器的情况下把某些模块拿下来，而此时其他模块的功能不受影响。

ODL 控制器包含的功能模块主要如下所述。

- 拓扑管理模块：管理拓扑图并存储和处理网络设备的信息，需要 OpenFLow 协议模块、SAL 模块等进行协助，通过与这些模块的交互获取节点、连接、主机等信息。
- 统计模块：实现统计信息收集。
- 交换机管理模块：管理南向接口连接的底层设备，提供交换机和交换机端口的详细信息。
- 转发规则管理模块（FRM）：管理基本的转发规则（例如 OpenFlow 规则），通过增、删、改、查流规则实现管理。
- 主机跟踪模块：跟踪主机信息，记录主机的 IP 地址、MAC 地址、VLAN

及连接交换机的节点和端口信息。主机跟踪模块能以静态或动态方式工作，在动态模式下，使用 ARP 跟踪数据库的状态（依赖于 ARPHandler 模块），在静态模式下，其数据库通过北向接口手动填充。

- ARPHandler 模块：监听 IPV4 和 ARP 数据包，从中获取相关主机信息，并根据不同情况做出不同反应。OpenFlow 协议插件收到 ARP 或 IPV4 包后交给 SAL，然后 SAL 再转交给 ARPHandler，ARPHandler 对这两种数据包分别进行处理。

ODL 控制器通过服务抽象层 SAL 自动适配底层不同的设备，使开发者可以专注于业务应用的开发。SAL 北向连接控制器的各种功能模块并为之提供底层设备服务，南向连接众多的协议插件，屏蔽不同协议的差异性。

如前所述，ODL 第一个版本 Hydrogen 中，SAL 中采用的是 API 驱动的 AD-SAL 架构，如图 4-6 所示。

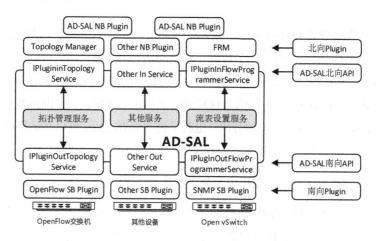

图 4-6　AD-SAL 架构

在 AD-SAL 中，通过统一的抽象服务屏蔽南向的协议差异，并采用了生产者模型和消费者模型，提供数据提供者和数据消费者之间的 Request Routing（用于消费者的请求路由，从而寻找对应的生产者）。这些抽象服务由南向 API 和北向 API 实现，南北向 API 是一对一的映射关系，北向 Plugin 通过调用 AD-SAL 的北向 API 实现对南向协议插件的调用，操作其管理的设备和服务。

AD-SAL 架构比较好理解，但直接静态地使用 Java API 进行路由与适配，即一切必须在编译的时候就决定好，这样会显得很不灵活，开发者在使用时需要考虑下层协议插件对服务抽象层所提供的功能的支持程度。

此外，因为南北向 API 是一对一的映射关系，会导致同一 API 无法被复用。所有的南北向插件都需要定义相应的 API 来承载，这样容易造成模块肥大，影响整个软件架构的可扩展性和可维护性。

于是，在 Helium 版本中引入了模型驱动的 MD-SAL 架构，如图 4-7 所示。

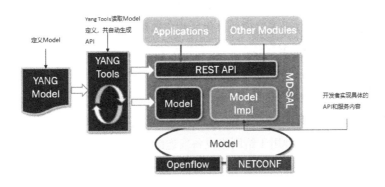

图 4-7　MD-SAL 架构

在 MD-SAL 中，抽象服务和相应 API 是由各个插件通过 YANG Model 来定义的，YANG Tools 通过各个插件组件的模型定义自动生成 API、Service 接口和相应的 Java 代码，开发者通过实现自动生成的 Service 接口实现具体的 API 和服务内容，插件通过 MD-SAL 和生成的 API 以及 RPC、Notification、DataStore 模块利用其他各个插件的服务和数据。RPC、Notification、DataStore 扮演了生产者模型和消费者模型中 Broker 的角色，是整个 ODL 的基础，完成数据提供者和数据消费者之间的连通工作。

- RPC：提供服务的远程调用接口。
- Notification：提供通知，可以发出和接收通知。
- DataStore：提供数据存储、读取、事务等功能。

此外，使用 YANG 定义和渲染 API 大大简化了新应用程序的开发。API 的代码是自动生成的，能够确保提供的接口始终保持一致。因此，这些模型很容易扩展。

（4）北向接口

ODL 控制器向上层应用提供的接口称为北向接口。北向接口分为 OSGi 框架和双向 REST 两种。OSGi 框架用于与控制器相同地址空间中运行的应用程序，而 REST API 用于运行在不同于控制器地址空间的应用程序。上层的应用程序实现业务逻辑，通过控制器收集网络信息并运行特定算法进行分析，然后使用控制器在整个网络中编排新规则。

（5）网络应用、编排和服务

ODL 是为了推动 SDN 发展而诞生的。网络 App 和业务流层就是控制和编程的平台，包括一些网络应用和事件，可以控制、引导整个网络。借用这一层，用户可以根据需求调用下层模块，享受下层模块提供的相应等级的服务，大大提高了网络的灵活性。也可以利用控制器部署新规则，实现控制与转发的分离。

4.1.3 YANG

YANG 是随着 NETCONF（Network Configuration Protocol）协议而产生的数据建模语言。NETCONF 是一种用于给网络设备发送配置的协议。支持 NETCONF 的设备就相当于有了一套标准的设备 API，通过这套 API 不仅能够对设备进行配置，还能提交一些本来由 CLI 实现的命令。NETCONF 协议的配置功能非常强大，兼顾监控和故障管理、安全验证和访问控制，得到业界的一致认可。

SDN 即用软件定义网络，如何定义？简单说就是用软件配置网络。但是网络能够配置的东西太多，网络设备以及业务的类型更是多种多样，想在这么复杂的网络上开辟一番新的天地，NETCONF 是 SDN 很好的选择。

如图 4-8 所示，NETCONF 协议采用的是 C/S 的模式，分为安全传输层、消息层、操作层和内容层。NETCONF 规定其传输层必须使用 SSH、TLS 等带有安全加密的通信协议，相比于其他也允许明文传输的协议来说，其在协议层面就已经对数据安全做了第一道守护。

其中，内容层是唯一没有标准化的层。NETCONF 协议的精髓就在于这个开放但规范的内容层，开放体现在 NETCONF 协议本身没有对内容层的数据结构做任何的限定，规范则体现在需要使用 YANG 语言对内容层的数据进行建模。

在 NETCONF 出现之前，我们熟知且常用的协议，都是采用在协议中规定报文的结构，按字节流读取并解析的架构。为了更好地在字节流中表达更丰富的报文结构，采用 TLV（Tag+Length+Value）等方式定义对象。但这种方式并不具备可扩展性，一旦对象有修改，就需要变更代码。而如果一个协议有了大量的扩展后的私有数据，就很难成为标准，更不用说协议栈的代码几乎需要完全重写。

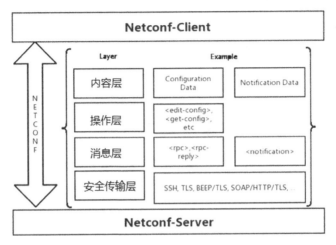

图 4-8　NETCONF 协议

NETCONF 协议则完全站在了一个更高的维度来解决这个问题。其内容层并没有指定具体的模型结构，而是使用了一套建模语言 YANG。使用 YANG 语言定义的数据模型都可以作为 NETCONF 的内容层。所以，协议的扩展对 NETCONF 来说就是不断地增加和修改 YANG 文件而已。

YANG 语言的目标是对 NETCONF 数据模型、操作进行建模，也就是对设备的配置、状态及操作进行建模。建好的模型，会以 XML 的形式进行实例化。例如，向领导请假，领导要求写一个请假单，其中包含请假人的姓名、请假的起止时间、请假事由等。于是做好一个表格，包含了上述要求，并根据实际情况填入真实信息。那么，领导的描述就可以理解为"建模"，而最后提交的填好内容的表格，就是将模型实例化了。

本质上，NETCONF 协议交换的是 XML，传输的是一个个的 RPC，只需把配置按照设备上的 NETCONF 模型写一个 XML，通过一个 NETCONF 客户端发送给设备，设备就可以配置，并把配置的结果返回。传统上进行网络设备的配置，都是需要编写自动配置脚本的，通过基于 SSH 连接到设备上，然后一条条地输入命令。而有了 NETCONF，我们只需要写一个 XML 模板，因为配置是整体发送过去的，也就不用输入一条条命令看执行结果。

更进一步，NETCONF 对不同的配置结构通过统一的模型语言 YANG Model 描述的，理论上只要有目标主机的 YANG Model，就可以自动生成配置模板。

而对于 ODL 来说，模型驱动 MD-SAL 中所谓的模型，指的就是 YANG 模型，YANG 模型是 MD-SAL 的灵魂，如图 4-9 所示。

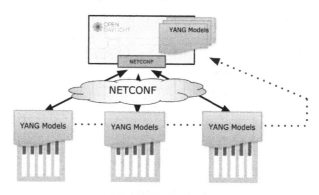

图 4-9　ODL 与 YANG 模型

4.1.4　ODL 子项目

ODL 由几十个有着相互依赖的项目组成，如图 4-10 所示为 Carbon 版本中众多项目及相互之间的依赖关系。

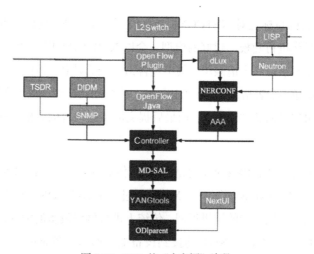

图 4-10　ODL 的"全家福"片段

（1）ODLparent

核心项目是 ODL 中所有项目的 Maven 配置基础，其他项目只需继承 ODLparent 即可获得 ODL 的统一设置。

ODL 采用 Maven 作为项目管理工具，通过 Maven 工具可以管理项目的生命周期，包括清除、编译、测试、报告、打包、部署等操作。

（2）YANGtools

核心项目，依赖于 ODLparent，旨在开发必需的工具和库，为 Java 项目和应用提供 NETCONF 和 YANG 支持。

（3）MD-SAL

核心项目，依赖于 ODLparent、YANGtools，管理基于 YANG 模型定义的各种插件。基于 MD-SAL，SDN 控制器中丰富的服务和模块可以使用统一的数据结构、南向接口、北向接口。

（4）NetVirt

一个网络虚拟化解决方案，主要包括以下组件：基于虚拟交换机的开放的虚拟化的软件交换机；基于硬件 VTEP 的硬件交换机；支持虚拟化环境中的服务功能链；支持 OVS 和 DPDK 加速的 OVS 数据路径，L3VPN、EVPN、ELAN、BGP VPN，分布式 L2 和 L3，NAT，浮动 IP 和 IPv6。

（5）Controller

核心项目，依赖于 ODLparent、YANGtools、MD-SAL，为多厂家网络的 SDN 部署提供一个高可用、模块化、可扩展并可支持多协议的控制器基础框架。在该项目中，模型驱动的服务抽象层使控制器支持多个南向协议插件；面向应用的可扩展北向架构为控制器提供丰富的北向 API。

（6）AAA

核心项目，为用户开发身份认证、授权和计费功能，包括为用户提供适用于多种身份认证、授权、计费机制的通用模型，提供可插拔的机制并为通用系统提供插件。

（7）OpenFlow

为 ODL 提供 OpenFlow 协议支持，实现控制器与 OpenFlow 交换机之间的交互。OpenFlow 在 ODL 中的实现分为 OpenFlowJava 和 OpenFlowPlugin 两部分。OpenFlowJava 负责面向南向设备完成 OpenFlow 协议的序列化、反序列化、端口监听及消息收发；OpenFlowPlugin 负责完成 OpenFlow 协议的状态管理、会话管理、事件处理等，向 SAL 层提供服务。

（8）L2Switch

负责处理"L2"事务，将传统 L2Switch 设备的控制面剥离到控制器上，使控制器具备 L2Switch 的处理能力，负责 MAC 地址学习、数据转发决策等。它是具备 L2Switch 控制能力的应用插件，通过向软交换机下发流表，从而控制数据包的转发行为。

（9）dLux

为控制器的使用者提供交互式 Web UI 应用，通过图形化的用户界面提供用户体验。

（10）Neutron Northbound

一个向 OpenStack Neutron 提供北向接口的插件项目，是 ODL 与 OpenStack 能够协同工作的重要项目。它提供网络、子网、负载均衡、VPN、安全策略等 REST API，并随 ODL 的发展不断增加。这个项目的主要目的有：

- 让 ODL 和 Openstack Neutron 对接。
- 隔离 Neutron 和 ODL 各自的内部实现细节。
- 为 ODL 各个网络子项目提供 Neutron 的虚拟网络接口。

对于 OpenStack Neutron，也有一个 ODL 插件称为 Networking-ODL，负责将 OpenStack 网络配置传递给 ODL。Networking-ODL 有 ML2 driver 和 L3 plugin 的模块，可以支持 Neutron L2 和 L3 的 API，再将数据转发到 ODL 控制器上。

OpenStack 和 ODL 之间的通信是使用公共 REST API 完成的。如图 4-11 所示为 OpenStack 与 ODL 融合的架构，该模型简化了 OpenStack 的实现，因为它将所有网络任务卸载到 ODL 上，减轻了 OpenStack 的处理负担。

第 4 章 网络控制

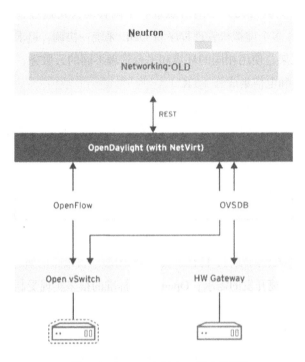

图 4-11 OpenStack 与 ODL 融合的架构

ODL 控制器使用 NetVirt，然后配置 Open vSwitch 实例（使用 OpenFlow 和 OVSDB 协议），并提供必要的网络环境，这包括第 2 层网络、IP 路由、安全组等。ODL 控制器可以维护不同租户之间的必要隔离。

4.1.5　ODL 应用实例

目前，业界已有众多采用 ODL 的成熟案例，包括互联网公司、运营商、服务提供商、研究院和学术机构等。

- AT&T 公司的应用比较典型，AT&T 公司的需求是节点控制器，基于 ODL 框架开发出全球性的 SDN 控制器。在实现的过程中，AT&T 公司决定将其控制器的覆盖范围扩展到 4~7 层，超越了通常的 1~3 层的 SDN 控制器的概念。
- 中国移动公司利用 ODL 构建下一代网络。中国移动公司正在将 OpenStack 与 ODL 结合使用，以构建包括虚拟私有云在内的 NovoDC 下的多种企业服务产品作为其 2020 年网络愿景。中国移动公司通过整合 OpenStack、VMware、多个虚拟机管理程序和 ODL 来统一协调，追求共同的基础架构和通用框架，使用相同的环境和平台管理不同的云服务，包括公共云、虚拟私有云和电信集成云（TIC）。

- 腾讯公司也是 ODL 的受益者，基于 ODL 构建 DCI 控制器，实现带宽使用的改善，以及网络服务的提升，带给用户的直接感受就是玩游戏时不再卡顿。

4.2 Tungsten Fabric

Tungsten Fabric 的前身是 OpenContrail。OpenContrail 是 Juniper 将全功能的 Juniper Contrail 商业产品开源后的项目，旨在解决 SDN 闭源项目带来的演进不够快，无法满足云对于自动化和敏捷开发的需求；OpenFlow 标准的很多实现受制于由硬件提供商所开发的缺乏编程能力的封闭网络系统。其目标是成为一个产品级的开源 SDN 控制器，来满足对于网络虚拟化的公有云和私有云需求。

Tungsten Fabric 能够应付世界上最大的运营商的网络环境，并满足他们对网络的严格要求。在此基础上，Tungsten Fabric 将转向关注企业级应用和边缘计算领域。

4.2.1 Tungsten Fabric 体系结构

Tungsten Fabric 系统由两部分组成：一个逻辑上集中但物理上分布的控制器；一组物理上分布的 vRouter。vRouter 是在通用虚拟服务器上实现的具有包转发功能的软件。

如图 4-12 所示，Tungsten Fabric 系统提供了三个接口：一组北向的 REST API，用于与编排系统（如 OpenStack 或 CloudStack）和应用程序进行对话；一组南向接口（XMPP 或 BGP+Netconf），用于与虚拟网络或物理网络（网关路由器和交换机）通信；以及一组用于与其他对等控制器交互的东西向接口（标准 BGP）。

第 4 章 网络控制

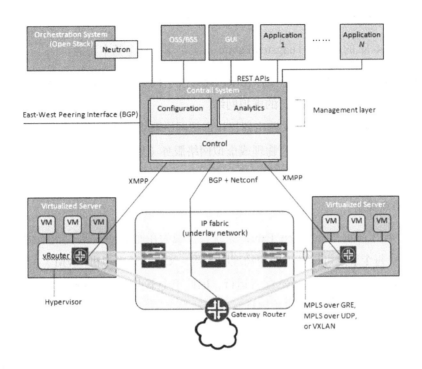

图 4-12　Tungsten Fabric 体系结构

1．控制器组成

在内部，控制器由三个主要组件组成。

- 配置节点：负责将上层数据模型转换为适合网络交互的底层形态。
- 控制节点：负责以一致的方式向底层网络和对等系统传输该底层状态。
- 分析节点：负责从网络元素捕获实时数据，并进行抽象，以适合应用程序的形式呈现。

vRouters 是完全用软件实现的虚拟网络设备。它们负责通过隧道将数据包从一台虚拟机转发到其他虚拟机。隧道形成一个物理 IP 网络之上的覆盖网络。每个 vRouter 由两部分组成：实现控制平面的用户空间代理程序和实现转发引擎的内核模块，也有基于 DPDK 的用户态转发引擎。

2. 基本功能

基于图 4-12 的结构，Tungsten Fabric 系统实现了三个基本功能。

- 多租户（也称为网络虚拟化或网络分片）网络：能够创建为各组 VM 提供封闭用户组（CUG）的虚拟网络。
- 网关功能：通过网关路由器连接虚拟网络和物理网络的能力。
- 服务链：通过一系列物理或虚拟网络服务（如防火墙、深度包检测或负载平衡器）引导数据流的能力。

3. 节点类型

如图 4-13 所示，Tungsten Fabric 系统被实现为在通用 x86 服务器上运行的一组协作节点。每个节点可以是单独的物理服务器，又或者是虚拟机（VM）。给定类型的所有节点都以 active - active 配置运行，因此单个节点不会成为瓶颈。这种横向扩展的设计提供了冗余和水平可扩展性。

除属于 Tungsten Fabric 控制器的节点类型（配置节点、控制节点和分析节点）之外，针对整个 Tungsten Fabric 系统中执行特定角色的物理服务器和物理网络设备，还存在一些其他节点类型。

- 计算节点：是托管虚拟机的通用 x86 服务器。这些虚拟机可能运行普通的应用程序，也可能运行一定的网络服务，如虚拟负载平衡器或虚拟防火墙。每个计算节点都包含一个 vRouter，用于实现分布式的转发平面和控制平面。
- 网关节点：是将租户虚拟网络连接到物理网络（例如 Internet、客户 VPN、另一个数据中心或非虚拟化服务器）的物理网关路由器或交换机。
- 服务节点：提供诸如深度报文检测（DPI）、入侵检测（IDP）、入侵防护（IPS）、WAN 优化器和负载均衡器等网络服务的物理网络元素。服务链可以混合虚拟服务（在计算节点上实现为虚拟机）和物理服务（托管在服务节点上）。

为了清楚起见，图 4-13 并未显示连接底层 IP 网络的物理路由器和交换机，每个节点到分析节点的接口也没有显示。

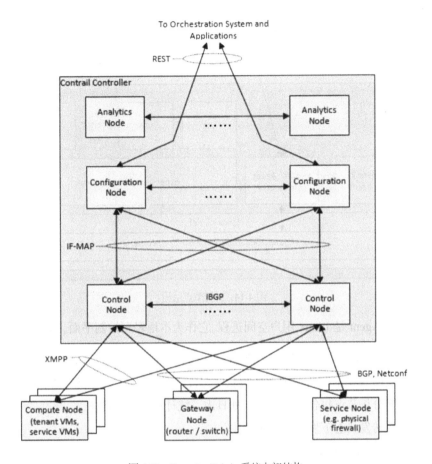

图 4-13　Tungsten Fabric 系统内部结构

（1）计算节点

计算节点是托管虚拟机的通用 x86 服务器。标准配置中 Linux 是主机操作系统，KVM 或 Xen 是 VMM，其他主机操作系统和 VMM 未来也可能会受到支持。vRouter 转发平面位于 Linux 内核或基于 DPDK 的用户态程序，vRouter Agent 是本地控制平面，计算节点结构如图 4-14 所示。

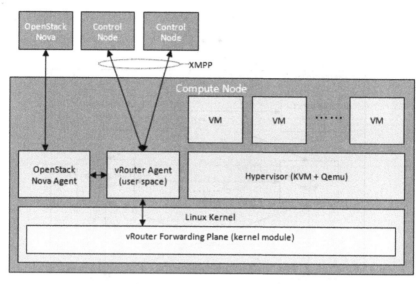

图 4-14 计算节点结构

vRouter Agent 是 Linux 用户空间进程。它作为本地轻型控制平面,提供以下功能:

- 使用 XMPP 与控制节点交换控制状态,如路由。
- 使用 XMPP 从控制节点接收底层配置状态(如路由实例和转发策略)。
- 向分析节点报告分析状态,如日志、统计信息和事件。
- 将转发状态下发到转发平面中。
- 与 Nova Agent 合作发现虚拟机的存在和属性。
- 对每个新的流的第一个报文应用转发策略,并在转发平面的流表中增加流表项。
- 代理 DHCP、ARP、DNS 和 MDNS。
- 在 active - active 冗余模型中,每个 vRouter Agent 连接至少两个控制节点以实现冗余。

vRouter 转发平面在 Linux 中作为内核可加载模块运行或基于 DPDK 的用户态程序运行,并负责以下功能。

- 将包封装并发送到 Overlay 网络,或解封装从 Overlay 网络接收的包。

将数据包分配给路由实例:基于 MPLS 标签或虚拟网络标识符(VNI),将从覆盖网络接收的包分配给路由实例;将本地虚拟机的虚拟接口绑定到路由实例;查询转发信息库（FIB）中的目标地址并将数据包转发到正确的目的地，路由可以是三层 IP 前缀或二层 MAC 地址。

如图 4-15 所示为 vRouter 转发平面的内部结构。

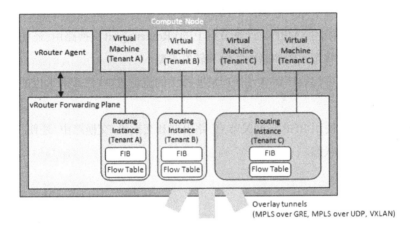

图 4-15　vRouter 转发平面的内部结构

（2）控制节点

控制节点的内部结构如图 4-16 所示。

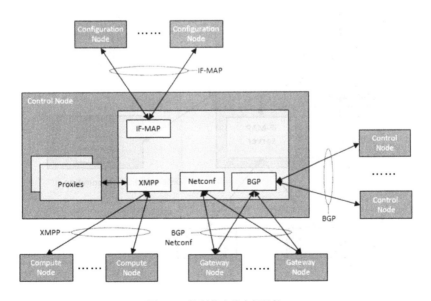

图 4-16　控制节点的内部结构

控制节点与多种其他类型的节点通信。

- 控制节点使用 IF-MAP（可信网络连接协议）从配置节点接收配置状态。
- 控制节点使用 IBGP（内部边界网关协议）与其他控制节点交换路由，以确保所有控制节点具有相同的网络状态。
- 控制节点使用 XMPP 与计算节点上的 vRouter agent 交换路由。还使用 XMPP 发送配置状态，例如路由实例和转发策略。
- 控制节点还代表计算节点代理某些种类的流量。这些代理请求也通过 XMPP 接收。
- 控制节点使用 BGP 与网关节点（路由器和交换机）交换路由。还使用 Netconf 发送配置状态。

（3）配置节点

配置节点的内部结构如图 4-17 所示。

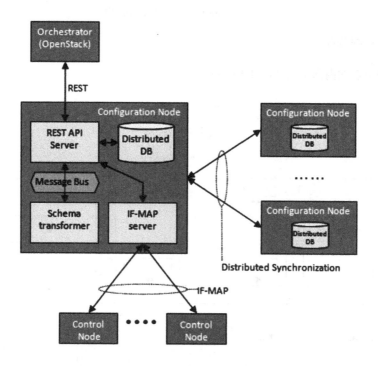

图 4-17　配置节点的内部结构

配置节点通过 REST 接口与编排系统通信，通过分布式同步机制与其他配置节点通信，通过 IF-MAP 与控制节点通信。

配置节点还提供发现服务，客户端可以使用该服务定位服务提供者（即提供特定服务的其他节点）。例如，当计算节点中的 vRouter Agent 想连接到控制节点（更确切地说：连接到 active - active 的一对 Control VM）时，它使用发现服务来发现控制节点的 IP 地址。客户端使用本地配置、DHCP 或 DNS 定位服务发现服务器。

配置节点包含以下组件。

- 一个 REST API 服务器，为编排系统或其他应用程序提供北向接口。该接口用于通过高级数据模型安装配置状态。
- Redis 消息总线，用于进行部组件之间的通信。
- 用于持久存储配置的 Cassandra 数据库。
- Schema 变换器，通过 Redis 消息总线了解上层数据模型的变化，并将上层数据模型中的这些变化转换（或编译）为底层数据模型中的相应变化。
- 一个 IF-MAP 服务器提供南向接口，将计算出的低层配置向下推送到控制节点。
- Zookeeper 用于分配唯一的对象标识符并支持事务操作。

（4）分析节点

分析节点的内部结构如图 4-18 所示。

分析节点与使用北向 REST API 的应用程序进行通信，使用分布式同步机制与其他分析节点通信，并与控制和配置节点中的组件通过名为 Sandesh 的基于 XML 的协议进行通信，该协议专为处理大量数据而设计。

分析节点包含以下组件。

- 收集器：用于交换控制节点和配置节点中组件的 Sandesh 消息。Sandesh 携带两种消息：分析节点为了报告日志、事件和跟踪而收到的异步消息；分析节点可以发送请求并接收响应以收集特定操作状态的同步消息。
- NoSQL 数据库：用于存储分析好的数据。收集器收集的所有信息都会持久地存储在 NoSQL 数据库中。信息来源不会过滤消息。

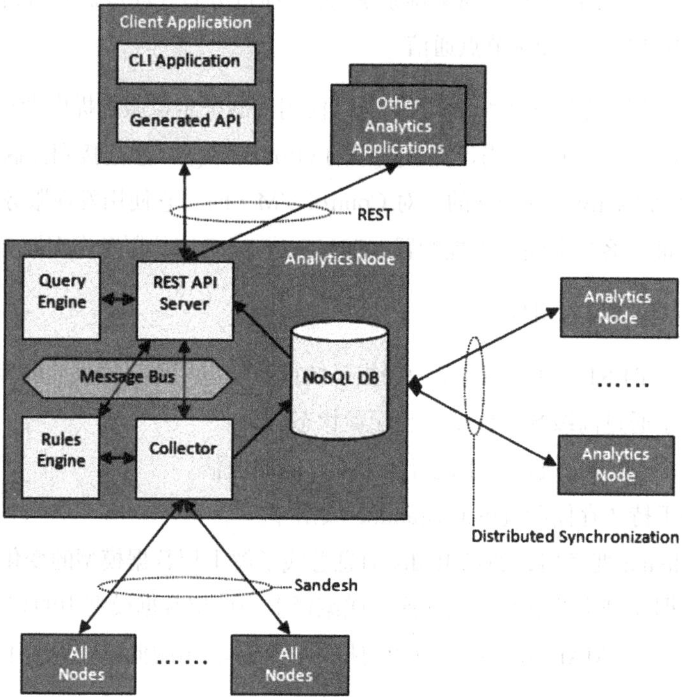

图 4-18　分析节点的内部结构

- 规则引擎：在发生特定事件时自动收集操作状态。
- REST API 服务器：提供用于查询分析数据库和检索操作状态的北向接口。
- 查询引擎：执行来自北向 REST API 的查询请求，被实现为一个简单的 map-reduce 引擎。该引擎提供了灵活地访问分析好的数据的功能。绝大多数 Tungsten Fabric 查询都是时间序列。

4.2.2　Tungsten Fabric 转发平面

转发平面是通过覆盖网络实现的。覆盖网络可以是三层（IP）覆盖网络或二层（以太网）覆盖网络。对于三层覆盖网络，最初只支持 IPv4，IPv6 支持将在更高版本中添加。三层覆盖网络支持单播和多播，还具有代理功能，用于避免 DHCP、ARP 和某些其他协议泛滥。

下面是支持的几种覆盖网络协议。

1. MPLS over GRE

L3 覆盖网络的 MPLS over GRE 封装格式如图 4-19 所示。

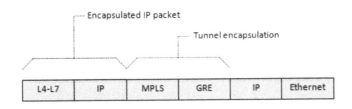

图 4-19　L3 覆盖网络的 MPLS over GRE 封装格式

L2 覆盖网络的 MPLS over GRE 封装格式如图 4-20 所示。

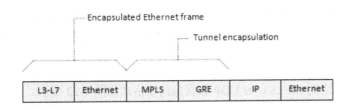

图 4-20　L2 覆盖网络的 MPLS over GRE 封装格式

MPLS L3VPN 和 EVPN 通常使用 MPLS over MPLS 封装，如果内核不支持 MPLS，它们也可以使用 MPLS over GRE 封装。Tungsten Fabric 使用 MPLS over GRE 封装，而不是 MPLS over MPLS，原因是：首先，数据中心的底层交换机和路由器通常不支持 MPLS；其次，即使底层交换机和路由器支持 MPLS，由于其复杂性，运营商也不希望在数据中心运行 MPLS；第三，没有必要对数据中心内部流量改进，因为带宽足够大。

2. VxLAN

对于 L2 覆盖网络，Tungsten Fabric 还支持 VxLAN 封装，如图 4-21 所示。

VxLAN 封装的主要优点之一是通过将熵（内部头部的散列）放入外部头部的源 UDP 端口中，可以更好地支持底层中的多路径。

Tungsten Fabric 的 VxLAN 实现与 VLAN IETF 草案主要有两个不同之处：首先，

它只实现 IETF 草案的数据包封装部分，没有实现 flood-and-learn 控制面，而是基于 XMPP 的控制平面，因此，它不需要底层中的多播组；其次，VxLAN 头中的虚拟网络标识符（VNI）对于出口 vRouter 而言是本地唯一的，而不是全局唯一的。

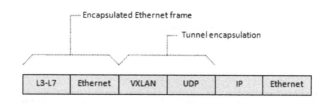

图 4-21　L2 覆盖网络的 VxLAN 封装格式

3. MPLS over UDP

Tungsten Fabric 支持第三种封装，即 MPLS over UDP。它支持 L2 和 L3 覆盖网络，使用带有本地重要 MPLS 标签的"内部" MPLS 报头标识目的路由实例（类似于 GRE over MPLS），但它使用带有熵的外部 UDP 报头在底层（如 VLXAN）中进行高效多路径。

L3 覆盖网络的 MPLS over UDP 数据包封装格式如图 4-22 所示。

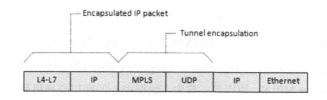

图 4-22　L3 覆盖网络的 MPLS over UDP 数据包封装格式

L2 覆盖网络的 MPLS over UDP 数据包封装格式如图 4-23 所示。

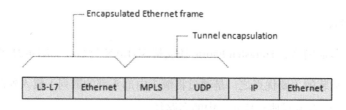

图 4-23　L2 覆盖网络的 MPLS over UDP 数据包封装格式

如图 4-24 所示为 3 层转发实例，以下给出从 VM 1a 向 VM 2a 发送 IP 分组的事件序列的概要。假定为 IPv4，IPv6 的步骤与此相似。

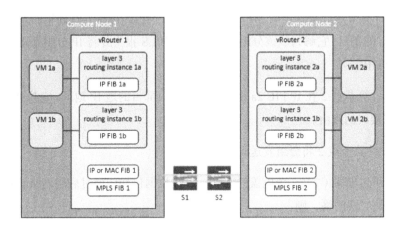

图 4-24　3 层转发实例

（1）VM 1a 中的应用发送具有目的地 IP 地址 VM 2a 的 IP 分组。

（2）VM 1a 具有指向 routing instance（路由接口） 1a 中的 169.254.xx link-local 地址的默认路由。

（3）VM 1a 发送 ARP 请求为 link-local 地址。routing instance（路由接口） 1a 中的 ARP 代理响应请求。

（4）VM 1a 将 IP 分组发送到 routing instance（路由接口） 1a。

（5）routing instance（路由接口） 1a 上的 IP FIB 1a 包含 VM 2a 及相同虚拟网络中的每个 VM 的 /32 路由。该路由通过控制节点使用 XMPP 进行安装。路由将执行以下操作：利用由 vRouter 2 为 routing instance （路由接口）2a 分配的 MPLS 标签，利用包含计算节点 2 的目标 IP 地址的 GRE 头。

（6）vRouter 1 在全局 IP FIB 1 中查找新的目标 IP 地址（计算节点 2 的地址）并封装数据包。

（7）vRouter 1 将封装的数据包发送到计算节点 2，具体如何操作取决于底层网络是二层交换网络还是三层路由网络。假设封装的数据包到达计算节点 2。

（8）计算节点 2 接收封装的数据包并在全局 IP FIB 2 中执行 IP 查找。由于外部目的地 IP 地址是本地的，因此它将数据包解封装，即移除 GRE 报头并暴露 MPLS 报头。

（9）计算节点 2 查找全局 MPLS FIB 2 中的 MPLS 标签并找到指向路由 routing instance 2a 的条目。它解封装该分组，即它移除 MPLS 报头并将 IP 分组暴露到 routing instance 2a 中。

（10）计算节点 2 在 IP FIB 2a 中查找暴露的内部目的地 IP 地址，它找到连接 VM 2a 的虚拟接口的路由。

（11）计算节点 2 将分组发送到 VM 2a。

现在回到步骤（7），中掩盖的部分：封装数据包如何通过底层网络转发。如果底层网络是二层网络，则：

- 被封装的数据包的外部源 IP 地址（计算节点 1）和目标 IP 地址（计算节点 2）位于同一个子网上。
- 计算节点 1 向 IP 地址计算节点 2 发送 ARP 请求。计算节点 2 向 MAC 地址计算节点 2 发送 ARP 应答。请注意，底层中通常不存在 ARP 代理。
- 封装的分组是基于目的 MAC 地址从计算节点 1 切换到计算节点 2 的 MAC 层。

如果底层网络是三层网络，则：

- 封装数据包的外部源 IP 地址（计算节点 1）和目标 IP 地址（计算节点 2）位于不同的子网上。
- 底层网络中的所有路由器（物理路由器（S1 和 S2）和虚拟路由器（vRouter 1 和 vRouter 2）都参与某些路由协议，如 OSPF。
- 封装的分组是基于目的地 IP 地址从计算节点 1 路由到计算节点 2 的 IP 层。等价多路径（ECMP）允许使用多个并行路径。出于这个原因，VxLAN 封装包括 UDP 数据包的源端口中的熵。

4.2.3 Tungsten Fabric 实践

1. 编译和构建 Tungsten Fabric

（1）安装 Docker

```
//For mac:
https://docs.docker.com/docker-for-mac/install/#download-docker
-for-mac

// For CentOS/RHEL/Fedora linux host:
yum install docker

// For Ubuntu linux host:
apt-get install docker.io
```

需要注意的是：确保 Docker 引擎支持大于 10GB 的 images。为/etc/daemon.json 添加启动参数并重启 docker daemon。

```
"storage-driver": "devicemapper",
"storage-opts": [
"dm.basesize=20G"
]
$ service docker restart
```

确保在 Docker 默认的网络设置下，容器可以访问外部网络，比如关闭防火墙，或需要设置代理服务器。

（2）克隆 dev setup repo

```
$ git clone https://github.com/Juniper/contrail-dev-env
$ cd contrail-dev-env
```

（3）执行脚本创建 3 个容器

```
sudo ./startup.sh
```

检查 3 个容器是否已经启动。

```
$ docker ps -a
contrail-developer-sandbox   [For running scons, unit-tests etc]
contrail-dev-env-rpm-repo    [Repo server for contrail RPMs after they are build]
contrail-dev-env-registry    [Registry for contrail containers after they are built]
```

（4）进入 developer-sandbox 容器

```
$ docker attach contrail-developer-sandbox
```

（5）运行 scons、UT、make RPMS 或者 make containers

当第一次进入 developer-sandbox 容器,以下步骤是必须执行的。

```
$ cd /root/contrail-dev-env
$ make sync              # get latest code using repo tool
$ make fetch_packages    # pull third_party dependencies
$ make setup             # set up docker container
$ make dep               # install dependencies
```

如果想切换到其他的代码版本,比如 R5.0,在执行以上命令前,需要先执行以下代码。

```
$ cd /root/contrail
$ git config --global user.name "Your Name"
$ git config --global user.email "your@e-mail.com"
$ repo init -b R5.0
```

现在可以编译 Tungsten Fabric。

```
$ cd /root/contrail
$ scons # ( or "scons test" etc)
```

contrail-dev-env/Makefile 还提供了一些功能,如下所述。

- make setup:初始化配置文件(只需运行一次)。
- make sync:使用 repo 程序同步 Tungsten Fabric 的代码。
- make fetch_packages:下载第三方依赖包(每次代码 checkout 后执行)。
- make dep:安装所有编译构建所需的第三方依赖包。
- make dep-<pkg_name>:安装 <pkg_name>包编译构建所需的第三方依赖包。
- make list:列出所有可用的 RPM 目标。
- make rpm:构建所有 RPM 包。
- make rpm-<pkg_name>:构建单个 <pkg_name>的 RPM 包。
- make list-containers:列出所有可用的容器目标。
- make containers:构建容器,需要 RPM 包,存储在 /root/contrail/RPMS。
- make container-<container_name>:构建单个容器和它所依赖的所有容器。
- make clean{-containers,-repo,-rpm}:清除所有构建的对象,包括容器,RPM 包和 repo。

至此,所有的编译和构建就已完成,下面就可以部署测试了。

2. 自动化部署 Tungsten Fabric

这里介绍一系列的脚本自动化安装基于微服务架构的 Tungsten Fabric。微服务架构下的容器及其服务功能如图 4-25 所示。

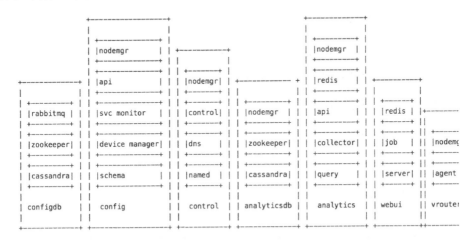

图 4-25 微服务架构下的容器及其服务功能

（1）系统要求

自动化部署有一定的系统要求，包括：

```
CentOS 7.4。
Ansible 2.4.2.0。
```

所有服务器节点的计算机名解析必须正常工作，无论通过 DNS 解析还是通过 host 文件解析。

docker engine，测试过 17.03.1-ce。

docker-compose，测试过 1.17.0。

docker-compose python library，经测试 1.9.0。

如果使用 k8s，测试过 1.9.2.0。

所有服务器节点时间必须同步。

（2）获取脚本

```
#For Contrail R5.0 use
```

```
$ git clone -b R5.0 http://github.com/Juniper/contrail-ansible
-deployer

#For master branch use
$ git clone http://github.com/Juniper/contrail-ansible-deployer
```

(3)支持不同的服务器环境

自动化部署脚本支持不同的服务器环境,包括 bms,物理服务器;kvm,基于 KVM 的虚拟机;gce,基于 GCE 的虚拟机;AWS,基于 AWS 的虚拟就。

(4)3 个自动化部署脚本

第一个脚本用来根据不同的服务器环境,准备主机的操作系统。

playbooks/provision_instances.yml

第二个脚本用来配置主机,安装所需要的软件及配置操作系统。

playbooks/configure_instances.yml

第三个脚本用来安装 Tungsten Fabric。

playbooks/install_contrail.yml

(5)配置文件

在执行这 3 个脚本前,需要准备好配置文件,3 个脚本都共用同一个配置文件(默认路径 config/instances.yaml)。配置文件由多个分区组成。

服务器环境分区:

```
// bms 环境示例
provider_config:
  bms:
    ssh_pwd: contrail123
    ssh_user: centos
    ssh_public_key: /home/centos/.ssh/id_rsa.pub
    ssh_private_key: /home/centos/.ssh/id_rsa
    ntpserver: 192.168.1.1
    domainsuffix: local
```

Global services 配置分区配置全局的服务参数,所有参数都是可选的。

```
global_configuration:
  CONTAINER_REGISTRY: opencontrailnightly
  REGISTRY_PRIVATE_INSECURE: True
```

```
    CONTAINER_REGISTRY_USERNAME: YourRegistryUser
    CONTAINER_REGISTRY_PASSWORD: YourRegistryPassword
```

Contrail services 配置分区配置全局的 contrail 全局参数，所有参数都是可选的。

```
contrail_configuration:       # Contrail service configuration section
    CONTRAIL_VERSION: latest
    UPGRADE_KERNEL: true
```

如果使用 Kolla 部署 OpenStack，需要使用 Kolla services 配置分区定义参数。

```
kolla_config:
  customize:
    nova.conf: |
      [libvirt]
      virt_type=qemu
      cpu_mode=none
  kolla_globals:
    network_interface: "eth0"
    kolla_external_vip_interface: "eth0"
    enable_haproxy: "no"
    enable_ironic: "no"
    enable_swift: "no"
  kolla_passwords:
    metadata_secret: strongmetdatasecret
    keystone_admin_password: password
```

Instances 配置分区配置每个实例上运行哪些容器，以及哪些角色（role）会安装到该实例上。

```
instances:
  bms1:
    provider: bms
    ip: 10.10.10.11
    roles:
      openstack:
      config_database:
      config:
      control:
      analytics_database:
      analytics:
      webui:
      openstack_compute:
      vrouter:
```

```
          PHYSICAL_INTERFACE: ens802f1
          CPU_CORE_MASK: "0xff0"
          DPDK_UIO_DRIVER: igb_uio
          HUGE_PAGES: 3000
          AGENT_MODE: dpdk

  bms2:
    provider: bms
    ip: 10.10.10.12
    roles:
      openstack_compute:
      vrouter:
          PHYSICAL_INTERFACE: enp24s0f0
          CPU_CORE_MASK: "0xff0"
          DPDK_UIO_DRIVER: igb_uio
          HUGE_PAGES: 10240
          AGENT_MODE: dpdk

  bms3:
    provider: bms
    ip: 10.10.10.13
    roles:
      openstack_compute:
      vrouter:
          PHYSICAL_INTERFACE: enp24s0f1
          CPU_CORE_MASK: "0xff0"
          DPDK_UIO_DRIVER: igb_uio
          HUGE_PAGES: 10240
          AGENT_MODE: dpdk
```

（6）运行脚本

准备 Instance：

```
$ ansible-playbook -i inventory/ playbooks/provision_instances.yml
```

配置 Instance：

```
$ ansible-playbook -e orchestrator=none|openstack|kubernetes \
        -i inventory/ playbooks/configure_instances.yml
```

安装 OpenStack：

```
$ ansible-playbook -i inventory/ playbooks/install_openstack.yml
```

安装 Tungsten Fabric，编排系统可以是 OpenStack 或者是 Kubernetes 或者无：

```
$ ansible-playbook -e orchestrator=none|openstack|kubernetes  \
        -i inventory/ playbooks/install_contrail.yml
```

使用非默认的配置文件（支持 YAML 和 JSON 格式）。

```
$ ansible-playbook -i inventory/ -e config_file=/config/ instances_gce.yml \
        playbooks/install_contrail.yml
```

4.2.4　Tungsten Fabric 应用实例

OpenContrail 主要针对私有云与 NFV 两种应用场景，这里以私有云的场景为例。

私有云或虚拟私有云（VPC）及 Iaas 都涉及多租户的问题。所有租户共享包括计算、存储、网络在内的物理资源，但同时又有自己独立的逻辑资源，这些逻辑资源互相隔离，租户并不清楚自己使用了哪些物理资源，体验上就是服务提供商为自己搭建了一套私有网络。

如图 4-26 所示为用于虚拟私有云和混合云的 OpenContrail 解决方案。OpenContrail 可以在第三方云提供商的公有云网络中创建虚拟私有云，然后使用 L3 VPN 链接（或 IPsec 连接）将其扩展到现有数据中心、私有云或分支机构中的旧基础架构。之后的工作，无论是在分支机构上的办公网络、数据中心或私有云，都在同一个虚拟网络上，无论在哪个云上都可以通过安全通道互相访问。这种灵活性允许企业选择多个供应商，进而有助于企业 IT 组织摆脱"影子 IT"。

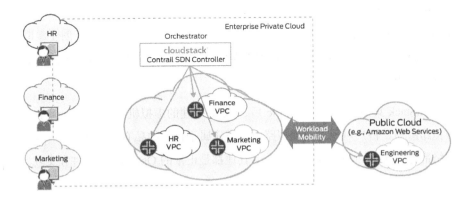

图 4-26　用于虚拟私有云和混合云的 OpenContrail 解决方案

4.2.5　Tungsten Fabric 与 OpenStack 集成

如前所述，Tungsten Fabric 的北向 REST API 可以被上层应用使用，与 OpenStack 等上层编排系统集成。实际上 OpenStack 是 Tungsten Fabric 重要的集成对象。在创建虚拟机时，Nova 会向 Neutron 请求网络服务，并将虚拟机接入网络。Neutron 通过插件机制能够提供不同的网络服务，例如 DHCP、VPN 等，而 Tungsten Fabric 就是以 Neutron Plugin 的形式集成到 OpenStack 中的，如图 4-27 所示。

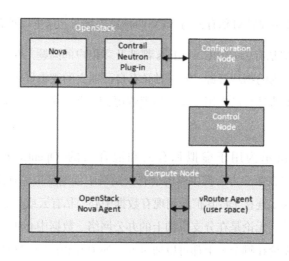

图 4-27　Tungsten Fabric 与 OpenStack 集成

Nova 指示计算节点中的 Nova Agent 创建虚拟机，Nova Agent 与 Tungsten Fabric Neutron 插件通信以检索新虚拟机的网络属性（例如 IP 地址）。一旦创建虚拟机，Nova Agent 就会通知虚拟路由器代理为虚拟网络配置新创建的虚拟机（例如路由实例中的新路由）。

OpenStack 集成 Tungsten Fabric 后，Nova 创建的虚拟机会接入 Tungsten Fabric 的虚拟路由器，租户可以通过虚拟路由器搭建属于自己的私有虚拟网络。图 4-27 中除网络部分与 Tungsten Fabric 相关外，其他都是正常的 OpenStack 组件和交互。

第 5 章

OpenStack 网络

从第一个版本 Austin 至今,OpenStack 已经成长了 8 年。作为一个 IaaS 范畴的云平台,完整的 OpenStack 系统具有如图 5-1 所示的基本视图:OpenStack 将用户和网络背后丰富的硬件资源分离开来。

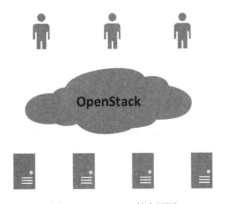

图 5-1　OpenStack 基本视图

OpenStack 一方面负责与运行在物理节点上的 Hypervisor 进行交互,实现对各种硬件资源的管理与控制,另一方面为用户提供一个满足要求的虚拟机。

至于 OpenStack 内部,作为 AWS 的一个跟随者,它的体系结构不可避免地体现着 AWS 各个组件的痕迹。如图 5-2 所示为 OpenStack 架构标准视图。

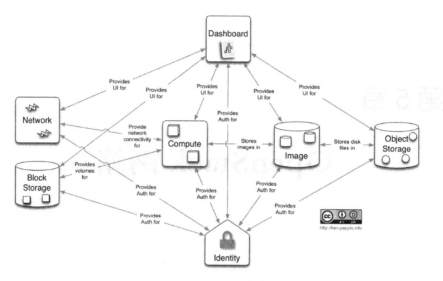

图 5-2 OpenStack 架构标准视图

图 5-2 涵盖了 OpenStack 曾经的七个核心组件，分别是计算（Compute）、对象存储（Object Storage）、认证（Identity）、用户界面（Dashboard）、块存储（Block Storage）、网络（Network）和镜像服务（Image Service）。这七个核心组件除用户界面外，其余六个仍是目前的核心组件。每个组件都是多个服务的集合，一个服务意味着运行的一个进程，根据部署 OpenStack 的规模，决定了选择将所有服务运行在同一个机器上还是多个机器上。

（1）Compute

Compute 的项目代号是 Nova，它根据需求提供虚拟机服务，比如创建虚拟机或对虚拟机做热迁移等。从概念上看，它对应 AWS 的 EC2 服务，而且它实现了对 EC2 API 的兼容。如今，Rackspace 和惠普提供商业计算服务正是建立在 Nova 之上的，NASA 内部使用的也是 Nova。

（2）Object Storage

Object Storage 的项目代号是 Swift，它允许存储或检索对象，也可以认为它允许存储或检索文件，它能以低成本的方式通过 RESTful API 管理大量无结构数据。它对应 AWS 的 S3 服务。如今，KT、Rackspace 和 Internap 都提供基于 Swift 的商业存储服务，许多公司的内部也使用 Swift 存储数据。

（3）Identity

Identity 的项目代号是 Keystone，为所有 OpenStack 服务提供身份验证和授权，跟踪用户及他们的权限，提供一个可用服务及 API 的列表。

（4）Dashboard

Dashboard 的项目代号是 Horizon，它为所有 OpenStack 的服务提供一个模块化的基于 Django 的界面，通过这个界面，无论最终用户还是运维人员都可以完成大多数的操作，比如启动虚拟机、分配 IP 地址、动态迁移等。

（5）Block Storage

Block Storage 的项目代号是 Cinder，提供块存储服务。Cinder 最早由 Nova 中的 nova-volume 服务演化而来，当时由于 Nova 已经变得非常庞大并拥有众多功能，也由于 volume 服务的需求会进一步增加 nova-volume 的复杂度，比如增加 volume 调度，允许多个 volume driver 同时工作，同时考虑需要 nova-volume 与其他 OpenStack 项目交互，例如将 Glance 中的镜像模板转换成可启动的 volume，所以 OpenStack 新成立了一个项目 Cinder 扩展 nova-volume 的功能。Cinder 对应 AWS EBS 块存储服务。

（6）Network

Network 的项目代号是 Neutron，用于提供网络连接服务，允许用户创建自己的虚拟网络并连接各种网络设备接口。

Neutron 通过插件的方式对众多的网络设备提供商进行支持，例如 Cisco、Juniper 等，同时也支持很多流行的技术，例如 Openvswitch、OpenDaylight 和 SDN 等。与 Cinder 类似，Neutron 也来源于 Nova，即 nova-network，它最初的项目代号是 Quantum，但由于商标版权冲突问题，后来经过提名投票评选更名为 Neutron。

（7）Image Service

Image Service 的项目代号是 Glance，它是 OpenStack 的镜像服务组件，相对于其他组件来说，Glance 功能比较单一，代码量也比较少。而且由于新功能的开发数量越来越少，社区的活跃度也没有其他组件那么高，但它仍是 OpenStack 的核心项目。

Glance 主要提供一个虚拟机镜像的存储、查询和检索服务，通过提供一个虚拟磁盘映像的目录和存储库，为 Nova 的虚拟机提供镜像服务。它与 AWS 中的 Amazon AMI catalog 功能相似。

现在以创建虚拟机为例，介绍这些核心组件是如何相互配合完成工作的。用户首先接触到的是界面 Horizon，通过其上的简单界面操作，一个创建虚拟机的请求被发送到 OpenStack 系统后端。

既然要启动一个虚拟机，就必须指定虚拟机操作系统是什么类型，下载启动镜像以供虚拟机启动使用。这件事就是由 Glance 完成的，而此时 Glance 管理的镜像有可能存储在 Swift 上，所以需要与 Swift 交互得到需要的镜像文件。

在创建虚拟机时，自然而然地需要 Cinder 提供块服务和 Neutron 提供网络服务，以便该虚拟机有 volume 可以使用，能被分配到 IP 地址与外界网络连接，而且之后该虚拟机资源的访问要经过 Keystone 的认证才可以继续。至此，OpenStack 的所有核心组件都参与了这个创建虚拟机的操作。

在 OpenStack 管理与控制的各种硬件资源中，网络是最重要的资源之一。

Nova 实现了 OpenStack 虚拟机世界的抽象，并利用对象存储与块存储引入的"永久存储（Persistent Storage）"，为虚拟机世界的主体——虚拟机提供了安身之本，负责为每个虚拟机本身的镜像及它产生的各种数据提供一个家，尽量地做到"居者有其屋"。但是没有网络，任何虚拟机都将只是这个世界中的孤岛，不知道自己生存的价值。

5.1 OpenStack 网络演进

最初，OpenStack 中的网络服务由 Nova 中一个单独的模块 nova-network 提供，主要支持以下功能：

- 基于网桥的二层网络配置（目前也支持了 OpenVSwitch）。
- 基于数据库的 IP 地址管理和分配。
- 组网模式：仅支持 Flat、Flat/DHCP 及 VLAN/DHCP 等简单网络模型。
- DHCP（动态主机配置协议）及 DNS（域名系统）服务。
- 基于 IPTables 的防火墙策略及 NAT（网络地址转换）功能。

然而，随着用户需求的不断增长和应用场景的日益复杂，尽管 nova-network 具备简单、稳定等特点，但为了提供更为丰富的拓扑结构和高级网络服务，支持更多的网络类型，具有更好的可扩展性，一个专门的项目 Quantum 被创建用于取代原有的 nova-network。

之后因为与一家公司的名称冲突，Quantum 被改名为 Neutron，Neutron 在 Quantum 打下的良好基础上，进一步优化了其插件机制，引入 SDN 思想，并不断开发与支持了 DVR、HA、L2 POP 等特性，使得 Neutron 在 L2-L7 的各个方面都取得了长足的进步。不过，时至今日，nova-network 依然存在于 Nova 项目中，并可替代 Neutron 为 OpenStack 提供基础的网络服务。

Rocky 版本 Neutron 支持的特性如表 5-1 所示。

表 5-1　Rocky 版本 Neutron 支持的特性

特　性	状　态	Linux Bridge	Networking MidoNet	Networking ODL	Networking OVN	Open vSwitch
Networks	required	✔	✔	✔	✔	✔
Subnets	required	✔	✔	✔	✔	✔
Ports	required	✔	✔	✔	✔	✔
Routers	required	✔	✔	✔	✔	✔
Security Groups	mature	✔	✔	✔	✔	✔
External Networks	mature	✔	✔	✔	✔	✔
Distributed Virtual Routers	immature	✘	✔	✔	✔	✔
L3 High Availability	immature	✔	✘	✔	✔	✔
Quality of Service	mature	✔	✔	✔	✔	✔
Border Gateway Protocol	immature	?	✔	?	?	✔
DNS	mature	✔	✘	✔	✔	✔
Trunk Ports	mature	✔	✘	✘	✔	✔
Metering	mature	✔	✘	✘	?	✔
Routed Provider Networks	immature	✔	✘	✘	✔	✔

可以看到，在 Neutron 支持的特性中，L2（二层）~L3（三层）的服务为必须支持的，其他 L4（四层）~L7（七层）的服务还涵盖了 LbaaS（负载均衡即服务）、FwaaS（防火墙即服务）、VPNaaS（虚拟专用网络即服务）、DNS、Metering（网络计量服务）等。此外，Neutron 还支持网桥、Networking OVN、Open vSwitch 等众多驱动。

5.2 Neutron 体系结构

类似于各个计算节点在 Nova 中被泛化为计算资源池，OpenStack 所在的整个物理网络在 Neutron 中也被泛化为网络资源池，通过对物理网络资源的灵活划分与管理，Neutron 能够为同一物理网络上的每个租户提供独立的虚拟网络环境。

在 OpenStack 云环境里基于 Neutron 构建私有网络的过程，就是创建各种 Neutron 资源对象并进行连接的过程，完全类似于使用真实的物理网络设备规划网络环境的情况，如图 5-3 所示。

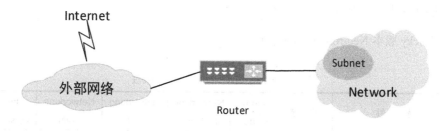

图 5-3　典型 Neutron 网络结构

首先，应该至少有一个由管理员创建的外部网络对象负责 OpenStack 环境与 Internet 的连接，然后租户可以创建自己私有的内部网络并在其中创建虚拟机，为了使内部网络中的虚拟机能够访问互联网，必须创建一个路由器将内部网络连接到外部网络，具体可参考使用 OpenStack Horizon 创建网络的过程。

在这个过程中，Neutron 提供了一个 L3（三层）的抽象 Router 与一个 L2（二层）的抽象 Network，Router 对应真实网络环境中的路由器，为用户提供路由、NAT 等服务，Network 则对应于一个真实物理网络中的二层局域网（LAN），从租户的角度看，它为租户所私有。

5.2.1 网络资源模型

OpenStack 项目都是通过 RESTful API 向外提供服务的，这使得 OpenStack 的接口在性能、可扩展性、可移植性、易用性等方面达到比较好的平衡。而对于 Neutron 来说，各种 RESTful API 背后就是 Neutron 的网络资源模型。

1. 网络资源抽象

Neutron 将其管理的对象称为资源，例如图 5-3 中的 Network、Subnet，表面上看与传统网络中的概念一样，但由于 Neutron 管理的范围（数据中心内）和对象的特点（Host 内部虚机 VM）等原因，与传统网络的概念并不完全相同，甚至有些令人困惑。Neutron 管理的核心网络资源包括如下所述。

- Network（网络）：隔离的 L2 广播域，一般为创建它的用户所有，用户可以拥有多个网络。网络是最基础的，子网和端口都需要关联到网络上，网络上可以有多个子网。同一个网络上的主机一般可以通过交换机或路由器连通。
- Subnet（子网）：逻辑上隔离的 L3 域，子网代表了一组 IP 地址的集合，即背后分配了 IP 的虚拟机。每个子网必须有一个 CIDR（Classless Inter Domain Routing），并关联到一个网络。IP 可以从 CIDR 或用户指定池中选取。子网可能会有一个网关、一组 DHCP、DNS 服务器和主机路由。不同子网之间 L3 并不互通，必须通过一个路由器进行通信。
- Port（端口）：虚拟网口是 MAC 地址和 IP 地址的承载体，也是数据流量的出入口。虚拟机、路由器均需要绑定 Port。一个 Network 可以有多个 Port，一个 Port 也可以与一个 Network 中的一个或多个 Subnet 关联。

这里的 Subnet 从 Neutron 的实现上来看并不能完全理解为物理网络中的子网概念。Subnet 属于网络中的 3 层概念，指定一段 IPv4 或 IPv6 地址并描述其相关的配置信息，它附加在一个二层 Network 上，指明属于这个 Network 的虚拟机可使用的 IP 地址范围。一个 Network 可以同时拥有一个 IPv4 Subnet 和一个 IPv6 Subnet。除此之外，即使为其配置多个 Subnet，也并不能够工作。

目前为止，已经知道 Neutron 通过 L3 的抽象 Router 提供路由器的功能，通过 L2 的抽象 Network/Subnet 完成对真实二层物理网络的映射，并且 Network 有 Linux Bridge、Open vSwitch 等不同的实现方式。此外，在 L2 中，还提供了一个重要的抽象 Port，代表了虚拟交换机上的一个虚拟交换端口，记录其属于哪个网络及对应的 IP 等信息。当一个 Port 被创建时，在默认情况下，会为它分配其指定 Subnet 中可用的 IP。当创建虚拟机时，可以为其指定一个 Port。

对于 L2 层抽象 Network 来说，必然需要映射到真正的物理网络，但 Linux Bridge

与 Open vSwitch 等只是虚拟网络的底层实现机制，并不能代表物理网络的拓扑类型，目前 Neutron 主要实现了如下几种网络类型的支持。

- Flat：Flat 类型的网络不支持 VLAN，因此不支持二层隔离，所有虚拟机都在一个广播域。
- VLAN：与 Flat 相比，VLAN 类型的网络自然会提供 VLAN 的支持。
- NVGRE/GRE：NVGRE（Network Virtualization using Generic Routing Encapsulation）是点对点的 IP 隧道技术，可用于虚拟网络互联。NVGRE 允许在 GRE 内传输以太网帧，而 GRE key 拆成两部分，前 24 位作为 Tenant ID，后 8 位作为 Entropy，用于区分隧道两端连接的不同虚拟网络。
- VxLAN：VxLAN（Virtual Extensible LAN）技术的本质是将 L2 层的数据帧头重新定义后，通过 L4 层的 UDP 进行传输。相比于采用物理 VLAN 实现的网络虚拟化，VxLAN 是 UDP 隧道，可以穿越 IP 网络，使得两个虚拟 VLAN 可以实现二层联通，并且突破 4095 的 VLAN ID 限制，提供多达 1600 万的虚拟网络容量。
- GENEVE：通用网络虚拟化封装（Generic Network Virtualization Encapsulation）由 IETF 草案定义。在实现上，GENEVE 与 VxLAN 类似，仍然是 Ethernet over UDP，也就是用 UDP 封装 Ethernet。VxLAN header 是固定长度的(8 个字节，其中包含 24bit VNI)，与 VxLAN 不同的是，GENEVE header 增加了 TLV（Type-Length-Value），由 8 个字节的固定长度和 0~252 个字节可变长度的 TLV 组成。GENEVE header 中的 TLV 代表了可扩展的元数据。

除了上述 L2 与 L3 的抽象，Neutron 提供了更高层次的一些服务，主要有 FWaaS、LBaaS 和 VPNaaS。

2. Provider Network 与 Tenant Network

Provider Network（运营商网络）与 Tenant Network（租户网络）从本质上来讲都是 Neutron 的 Network 资源模型。其中 Tenant Network 是由租户创建并管理的网络，如图 5-4 所示。

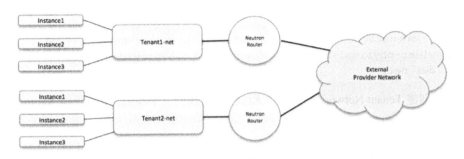

图 5-4　Tenant Network

Provider Network 如图 5-5 所示，是 Neutron 创建并用来映射一个外部网络的。这些外部网络并不在 Neutron 的管理范围之内，因此 Provider Network 的作用就是将 Neutron 内部的虚拟机或网络通过实现的映射与外部网络连通。

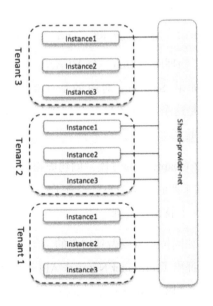

图 5-5　Provider Network

Provider Network 与 Tenant Network 区别主要在于：

- 管理的角色与权限不同。Tenant Network 由租户创建，而 Provider Network 由管理员创建。
- 创建网络时传入的参数不同。创建 Provider Network 时，需要同时传入 provider-network-type、provider-physical-network 和 provider-segment 三个参

数,例如:

```
$ openstack network create --provider-network-type vlan
--provider-physical-network public --provider-segment 123
provider_net;
```

而创建 Tenant Network 时,租户无法传入上述的三个参数,它们根据 Neutron 在部署时配置的内容进行自动分配。

3. Provider Network 与 Multi-Segment Network

Provider 与 Segment 两个概念对于虚拟网络与物理承载网络的映射非常重要,这里有必要对其做专门的说明。

Segment 可以简单理解为对物理网络一部分的描述,比如它可以是物理网络中很多 VLAN 中的一个 VLAN。Neutron 仅仅使用下面的结构定义一个 Segment:

{NETWORK_TYPE, PHYSICAL_NETWORK, and SEGMENTATION_ID}

如果 Segment 对应了物理网络中的一个 VLAN,则 SEGMENTATION_ID 就是 VLAN 的 VLAN ID,如果 Segment 对应的是 GRE 网络中的一个 Tunnel,则 SEGMENTATION_ID 就是这个 Tunnel 的 Tunnel ID。Neutron 使用这样简单的方式将 Segment 与物理网络对应起来。

在 Neutron 还被称为 Quantum 的时代,创建虚拟网络时不能指定 VLAN ID 或 Tunnel ID。也就是说,如果此时数据中心已经有了一个 VLAN 的 ID 为 100,需要部署一些 VM 在这个 VLAN 上就比较困难。

当时的一些插件,比如网桥是可以做到这点的,但问题在于并没有一个统一的方法来达到这个目的,所以提出了 Provider Network API 的需求,经过一段时间的发展,名为 Provider 的 Extension API 被添加来管理虚拟网络与物理承载网络之间的映射。换句话说,Provider Network 的作用就是指创建虚拟网络时 Neutron 允许指定虚拟网络占用的物理网络资源。

2013 年年初,针对 Provider Extension API,又提出了更进一步的改进需求,允许将一个虚拟网络与多个物理网络对应起来,换句话说,就是这个虚拟网络可以包含多个、多种不同的 Provider Network,这也就是 Multi-Segment Network。

```
{
    "network": {
```

```
            "segments": [
                {
                    "provider:segmentation_id": "2",
                    "provider:physical_network":
"8bab8453-1bc9-45af-8c70-f83aa9b50453",
                    "provider:network_type": "vlan"
                },
                {
                    "provider:segmentation_id": "100",
                    "provider:network_type": "gre"
                }
            ],
            "name": "net1",
            "admin_state_up": true
        }
    }
```

Multi-Segment Network 网络能够灵活地使用现存物理网络作为承载网络，当前有 ML2 和 NSX 插件对其提供了支持。考虑一个 Multi-Segment 的网络例子，例如可以建立如图 5-6 所示的虚拟二层网络，这个虚拟网络由两个现存的物理网 VLAN 5 和 VLAN 8 承载。各个 Segment 中间的桥接是系统管理员的责任。

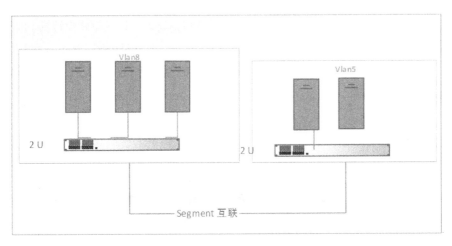

图 5-6　Router 虚拟二层网络

4．Router

如果说端口是 Neutron 资源模型的"灵魂"，那么 Router 就是 Neutron 资源模型的"发动机"，它承担着路由转发功能。Router 的资源模型可以简单抽象为三部分：

端口、路由表、路由协议处理单元,如图 5-7 所示。

图 5-7　Router 资源模型

如果不看内部实现细节,单从外部的内容来看,Router 最关键的两个概念就是端口和路由表。Router 使用一个数组表示路由表,每个数组元素的类型是[destination, nexthop],其中 destination 表示目的地网段(CIDR),nexthop 表示下一跳的 IP 地址。

Router 并没有使用某个字段来标识它的端口,而是提供了两个 API 以增加或删除端口。

```
#add interface to router
/v2.0/routers/{router_id}/add_router_interface
#remove interface from router
/v2.0/routers/{router_id}/remove_router_interface
```

理论上,Router 只要有了路由表及对应的端口信息就可以进行路由转发,但对于外部网络(Neutron 管理范围之外的网络)路由转发,尤其是公网,Router 的模型里还用了一个特殊字段 external_gateway_info(外部网关信息)表示。这又是什么意思?通过一个例子来理解,如图 5-8 所示。

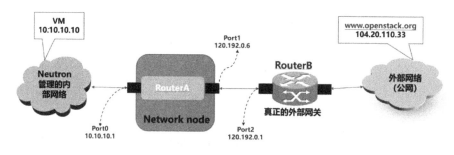

图 5-8　Router 模型示例

位于 Nuetron 管理网络的内部虚拟机 VM,IP 地址为 10.10.10.10,它要访问位于公网(外部网络)的网站 www.openstack.org,IP 地址为 104.20.110.33,需要经过公网的路由器 RouterB 才能到达。RouterB 的 Port2 直接与 Neutron 网络节点的 RouterA 的 Port1 相连（中间经过 Bridge 相连）。RouterB 就是真正意义上的外部网关，RouterB 的接口 Port2 的 IP 地址 120.192.0.1 是 Neutron 网络的外部网关 IP。但 RouterB 根本不在 Neutron 的管理范围内（RouterA 才属于），而且 Neutron 也不需要管理它。从路由转发的角度来讲，它只需要在 RouterA 中建一个路由表项即可。

```
destination      next_hop    out interface
104.20.110.0/24 120.192.0.6 Port 2(120.192.0.1)
```

不过从 RouterA 的角度来看，不仅仅是增加一个路由表项那么简单。于是，Neutron 提出了 external_gateway_info 模型，它由 network_id、enable_snat、external_fixed_ips 等几个字段组成，对应上面的例子，如下所示。

```
"external_gateway_info":{
    "enable_snat": true,
    "external_fixed_ips": [
      {
          "ip_address": "120.192.0.6"
          "subnet_id":
"b7832312223-ceb8-40ad-8b81---a332dd999dse"
      },
    ],
    "network_id": "ae3405f12-aa7d-4b87-abdd-50fccaadef453"
}
```

其中，ip_address 是 RouterA 的 Port1 的地址，subnet_id 对应的 subnet 的 gateway_ip 是 RouterB 中的 Port2 地址。所以，external_gateway_info 隐含了 Neutron 的管理理念，如下所述。

- Neutron 只能管理自己的网络。
- Neutron 不需要管理外部网络，只需知道外部网络网关 IP 即可。而它获取外部网关 IP 的方式就是通过 subnet_id 间接获取其 gateway_ip 得到。

5.2.2 网络实现模型

Neutron 的模型有两种，一种是抽象的资源模型，另一种是这种抽象模型背后的实现模型。无论一个模型多抽象还是多具体，归根到底总归要有一个实现它的载体，承载 Neutron 抽象出的网络资源模型的方案，可以称为 Neutron 的网络实现模型，包含相应的网元、组网及网元对应的配置。

在实际组网时，Neutron 有三类节点，如图 5-9 所示。

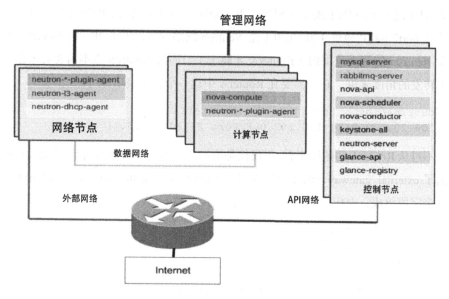

图 5-9　Neutron 组网时的三类节点

Neutron 中的三类节点包括 Cloud Controller Node（控制节点）、Compute Node（计算节点）和 Network Node（网络节点）。需要注意的是，图 5-9 所示只是一种参考模型，实际可分别部署在于三台物理服务器上，也可以部署在同一台物理机 Host 上，甚至可以部署在一个或多个 VM 中。

其中，控制节点上部署着身份认证、镜像服务、Nova，以及 Neutron 的 API Server、Nova 的调度器等服务；计算节点运行着 Nova-compute 及一些 Neutron 的 Agent，为 VM（虚拟机）的启动和连通服务；网络节点则通过部署一系列 Neutron 的 Agent，为整个 OpenStack 网络提供 DHCP、DNS、通过 Router 访问 Internet 的能力等。

在控制层面上，三类节点间均通过 Management Network 进行控制面的消息传递，同时控制节点通过 API Network 接收 OpenStack 用户的管理消息；在数据层面上，计算节点与网络节点间的数据通过 Data Network 传输，同时访问或接收外部网络的流量需要通过 Network 节点的 External Network。这种根据不同层面和功能使用不同网络进行数据传递的能力，有利于提高 Neutron 的网络性能及自身的可靠性、可用性及可服务性。

第 5 章 OpenStack 网络

实际上，Neutron 仅仅是一个管理系统（或者说是一个控制系统），它本身并不能实现任何网络功能，仅仅是针对 Linux 相关功能做一个配置或者驱动而已。下面就来看看 Neutron 是如何借用 Linux 实现网络功能的。

1. VLAN 实现模型

这里将以 VLAN 网络类型和 Open vSwitch 作为虚拟网络设备为例，以基于 Neutron 管理的诸多 Linux 网元的视角，对 Neutron 网络的实现模型进行分析。Overlay 类型的流量处理与 VLAN 网络类似，其区别仅在于图 5-10 中的 br-eth1 替换为 br-tun 以实现 Overlay 的网络隧道。可以基于 VLAN 网络类型的实现模型，类比进行理解。

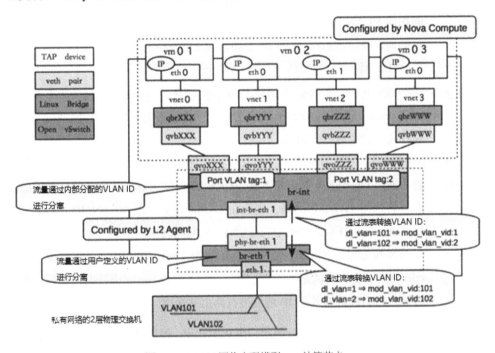

图 5-10 VLAN 网络实现模型——计算节点

如图 5-10 所示为计算节点上的网络实现模型。以从虚拟机发出流量的方向为例进行分析：

- 在 VLAN ID 为 101 的 network 中启动了一台虚拟机 VM01，由 VM01 发出的流量经过 QEMU 注入 TAP 设备（eth0，vnet0）。
- TAP 设备连接到名称为 qbrXXX（Quantum Bridge 的缩写）的 Linux Bridge

上。这是由于先前 Open vSwitch 并不支持安全组功能，Neutron 只有通过在 VM 实例和 Open vSwitch 的 br-int 之间建立 Linux Bridge 来实现安全组功能。这种基于额外的 Linux Bridge 的安全组实现，会带来可扩展性及性能方面的局限性。

- qbrXXX 与 br-int 通过 veth-pair 连接，通过内核网络协议栈实现数据在虚拟设备间的相互传递，veth-pair 在 qbrXXX 上的端口为 qvbXXX（Quantum VETH Bridge），在 br-int 上的端口表现为 qvoXXX（Quantum VETH OVS）。
- 当流量由本地虚拟机经由 qbr 进入 br-int 时，由于 Port VLAN tag 为 1（access port），数据包会被打上 tag 为 1 的本地 VLAN。此时，若为本地虚拟机之间相同 VLAN ID 的二层转发，则转发会直接在 br-int 上进行；若数据包的目的地是外部虚拟机，则 br-int 会将流量通过 int-br-eth1 传送至 Open vSwitch br-eth1 网桥。
- 本示例中 br-int 与 br-eth1 通过 veth-pair 相连，自 OpenStack J 版本开始，OVS patch port 替代 veth-pair 成为虚拟网桥相连的默认方式，使网桥间的传输性能得到了进一步提高。
- br-eth1 根据维护的本地 VLAN ID 与虚拟机所在网络的 VLAN ID 之间的映射，通过 OpenFlow 流表将本地 VLAN ID 转换为虚拟机所在网络的 VLAN ID。若选用 Overlay 网络，则会在 br-tun 完成本地 VLAN ID 与 Overlay segmentation ID（如 VxLAN 的 VNI）之间的转换。
- 在部署 br-eth1 时直接与物理机 Host 的物理网口 eth1 相连，于是流量通过 eth1 送出。若选用的是 Overlay 网络，则会在 br-tun 完成数据包的外层隧道封装，由内核根据外层 IP 地址进行路由并送出。

结合网络资源模型中提及的资源租户隔离的知识，可以进一步理解为 br-int 通过本地 VLAN、br-eth1 和 br-tun 分别通过 Neutron network VLAN 和 VNI（VxLAN 为例）隔离租户网络的流量。无须为同一个 Host 中的不同租户创建不同的 br-int，但同时也决定了无论是 VLAN 模型还是 Overlay 网络模型，节点本地最多支持的租户上限为 4096 个。反观 qbr 可以发现，其与 VM 一一对应，原因在于不同租户可以实现不同的安全组策略，Neutron 通过 qbr 实现了租户隔离的安全措施。

如图 5-11 所示为网络节点上的网络实现模型。以从计算节点流入网络节点的流量方向为例进行分析：

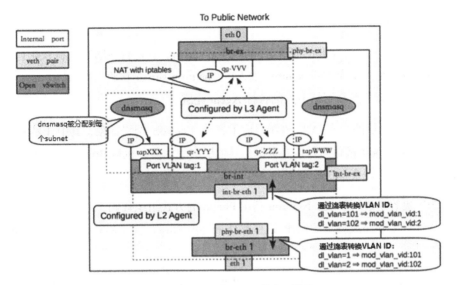

图 5-11　网络节点上的网络实现模型

- 由计算节点 eth1 送出的流量到达网络节点的 eth1（物理相连）。在 br-eth 上，根据与之前计算节点上类似的映射关系，完成网络 VLAN 与本地 VLAN 的转换。
- 流量继续由 br-eth1 的 phy-br-eth1 送入 int-br-eth1 所在的 br-int。值得关注的是，网络节点上的 br-int 连接着本地不同的 Namespace，如 DHCP Agent 创建的 dhcp namespace（通过 dnsmasq 为网络中的虚拟机提供分配 IP 地址和 DNS 等功能），又如 L3 Agent 创建和配置的与 router 相关的 Namespace（处理租户内跨网段流量及公网流量）。
- 流量会继续从 QR（Quantum Router）接口送至与 router 相关的 Namespace。若流量目的地是公共网络，则流量会在 Namespace 中完成 NAT（网络地址转换）并通过 QG（Quantum Gateway）端口至 br-ex 最终送出至公网；若流量仅是租户跨网段流量，则会经由 Namespace 中独立的网络协议栈处理（更新数据包中 MAC 地址）、路由后，再次返回 br-int 并继续转发至下一跳。

结合介绍网络资源模型时提及的资源租户隔离的内容，由于不同租户使用不同的 dnsmasq 及 router 实例，可以实现 IP 地址的隔离与"复用"，同时也实现了租户间一定程度上的故障隔离。

5.2.3 Neutron 软件架构

Neutron 只有一个主要的服务进程 neutron-server，它运行在网络控制节点上，提供 RESTful API 并作为访问 Neutron 的入口，neutron-server 接收用户 HTTP 请求，最终由遍布于计算节点和网络节点的各种 Agent 完成。

Neutron 提供的众多 API 资源对应了各种 Neutron 网络抽象，其中 L2 的抽象 network/subnet/port 被认为是核心资源，其他层次的抽象，包括 Router 以及众多的高层次服务则是扩展资源（Extension API）。

为了更容易进行扩展，Neutron 利用 Plugin 的方式组织代码，每一个 Plugin 支持一组 API 资源并完成特定的操作，这些操作最终由 Plugin 通过 RPC 调用相应的 Agent 完成。

这些 Plugin 又被做了一些区分，一些提供基础二层虚拟网络支持的 Plugin 称为 Core Plugin，它们必须至少实现 L2 的三个主要抽象，管理员需要从这些已经实现的 Core Plugin 中选择一种。除 Core Plugin 之外的其他 Plugin 则被称为 Service Plugin，比如提供防火墙服务的 Firewall Plugin。

至于 L3 抽象 router，许多 Core Plugin 并没有实现，H 版本之前采用 Mixin 设计模式，将标准的 router 功能包含进来，以提供 L3 服务给租户。在 H 版本之中，Neutron 实现了一个专门的名为 L3 Router Service Plugin 提供 Router 服务。

Agent 一般专属于某个功能，用于使用物理网络设备或一些虚拟化技术完成某些实际的操作。比如实现 router 具体操作的 L3 Agent。

Neutron 软件架构如图 5-12 所示。

因为各种 Core Plugin 的实现之间存在很多重复的代码，比如对数据库的访问操作，所以，H 版本中 Neutron 实现了一个 ML2 Core Plugin，它采用了更加灵活的结构进行实现，通过 Driver 的形式对现有的各种 Core Plugin 提供支持，因此可以说 ML2 Plugin 的出现意在取代目前的所有 Core Plugin。

对于 ML2 Core Plugin 及各种 Service Plugin 来说，虽然有被剥离出 Neutron 作为独立项目存在的可能，但它们的基本实现方式与这里涵盖的内容相比并不会发生大的改变。

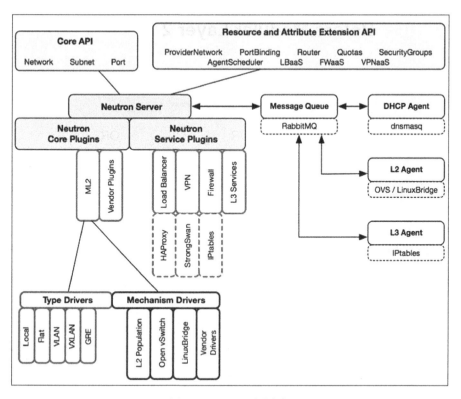

图 5-12　Neutron 软件架构

5.3　Neutron Plugin

5.3.1　ML2 Plugin

Moduler Layer 2(ML2)是 Neutron 在 Havana 版本实现的一个新的 Core Plugin，用于替代原有的 Core Plugin，比如 Linux Bridge Plugin 和 Open vSwitch Plugin。

Core Plugin 负责管理和维护 Neutron 的 network、subnet 和 port 的状态信息，这些信息是全局的，只需要也只能由一个 Core Plugin 管理。因此，对于传统的 Core Plugin 来说，如图 5-13 所示，存在的第一个问题就是传统的 Core Plugin 与 Core Plugin Agent 是一一对应的。也就是说，如果选择了 Linux Bridge Plugin，那么 Linux Bridge Agent 将是唯一选择，必须在 OpenStack 的所有节点上使用 Linux Bridge 作为虚拟交换机。同样的，如果选择 Open vSwitch Plugin，所有节点上只能使用 Open vSwitch Agent。

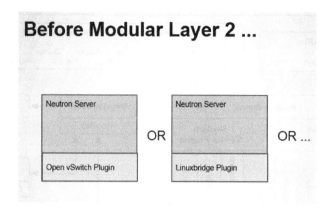

图 5-13 传统的 Core Plugin 与 Core Plugin Agent 一一对应

传统的 Core Plugin 存在的第二个问题是需要编写大量重复和类似的数据库访问代码，大大增加了 Plugin 开发和维护的工作量。

而 ML2 作为新一代的 Core Plugin，提供了一个框架，允许在 OpenStack 网络中同时使用多种 Layer 2 网络技术，不同的节点可以使用不同的网络实现机制。如图 5-14 所示，采用 ML2 Plugin 后，可以在不同节点上分别部署 Linux Bridge Agent、Open vSwitch Agent、Hyper-V Agent 及其他第三方 Agent。

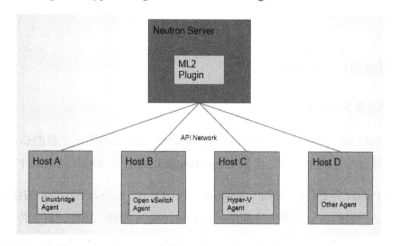

图 5-14 ML2 Plugin

ML2 不但支持异构部署方案，同时能够与现有的 Agent 无缝集成：以前用的 Agent 不需要变，只需要将 Neutron Server 上的传统 Core Plugin 替换为 ML2。

ML2 实现框架如图 5-15 所示。

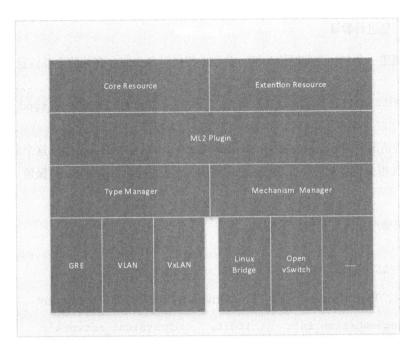

图 5-15　ML2 实现框架

ML2 解耦了网络拓扑类型与底层的虚拟网络实现机制，并分别通过 Driver 的形式进行扩展。其中，不同的网络拓扑类型对应着 Type Driver，由 Type Manager 管理，不同的网络实现机制对应着 Mechanism Driver，由 Mechanism Manager 管理。

目前，Neutron 已经实现了 Flat、GRE、VLAN、VxLAN 等拓扑类型的 Type Driver，也实现了 Linux Bridge、Open vSwitch 及众多厂商的 Mechanism Driver，通过这些众多的 Driver，ML2 Plugin 实现了其他 Core Plugin 的功能。

1. Type Manager 与 Mechanism Manager

Type Manager 与 Mechanism Manager 负责加载对应的 Type Driver 和 Mechanism Driver，并将具体的操作分发到具体的 Driver。此外，一些 Driver 通用的代码也由 Manager 提供。

在初始化的时候，Type Manager 会根据配置加载对应的 Type Driver。Type Manager 与其管理的 Type Driver 一起提供了对 Segment 的各种操作，包括存储、验证、分配和回收等。创建一个 Network 的时候需要从传递的参数中提取与 Segment

有关的信息进行验证。

以创建一个 Flat 类型网络为例,命令中提供了 Segment 有关的全部信息。

```
$ neutron net-create public01 --tenant_id 73ddc007555840f8b2ad72997cfe8ea6 --provider:network_type flat --provider:physical_network physnet1 --debug
```

这种情况下的 Segment 称为 Provider Segment,Type Manager 会从这个命令的参数中提取相关信息构建一个 Segment 结构,然后告诉 Type Driver 保留 Provider Segment。

如果命令中没有提供以下信息。

```
$ neutron net-create tttt --tenant_id 73ddc007555840f8b2ad72997cfe8ea6 --debug
```

此时,Type Manager 将通过 Type Driver 直接按需分配一个 Segment。

```
{'segmentation_id': 1003L, 'physical_network': None, 'network_type': 'vxlan', 'id': '07d84f9f-831f-4051-a810-1f7211bbeafc'})
```

与 Type Manager 相比,Mechanism Manager 的接口要整齐得多,一种形如 "{action}-{object}-precommit" 的接口在数据库 session 内调用,另一个形如 "{action}-{object}-postcommit" 的接口则在数据库提交完成之后调用。

Mechanism Manager 分发操作并具体将操作传递到 Mechanism Driver 的方式与 Type Manager 相同,但是对于一个需要 Mechanism Driver 处理的操作,会按照配置的顺序依次调用每一个 Driver 的对应函数。例如对于需要配置交换机的操作,可能 Open vSwitch 虚拟交换机和外部真实的物理交换机都需要进行配置,这时就需要 Open vSwitch Mechanism Driver 和 Cisco Mechanism Driver 都被调用进行处理。

除 Type Manager 与 Mechanism Manager 之外,还定义了 Extension Manager,这是因为社区发展的趋势是将 ML2 支持的每个 Extension API 都作为单独的 Extension Driver 实现。

2. Type Driver

Type Driver 最主要的功能是管理网络 Segment,提供 Provider Segment 和 Tenant Segment(命令行里没有指定任何 Provider 信息时,创建的就是 Tenant Segment,即

Provider Segment 之外的 Segment 都可以称为 Tenant Segment）的验证、分配、释放等功能。

（1）Flat Type Driver

创建 Flat 网络时，必须指定 PHYSICAL_NETWORK 信息，也就是必须指定物理网络的名字，而且这个名字还必须符合配置文件的要求。而且对于 Flat 网络来说，没有所谓的 SEGMENTATION_ID，这是因为 VLAN ID、Tunnel ID 等对于 Flat 网络没有任何意义。Flat Type Driver 会根据上述要求对 Segment 进行验证。

对于 Flat 类型的网络来说，Segment 的分配很简单，就是将 Type Manager 传递过来的 Segment 保存在数据库里。这个过程会检查数据库里是否已经存在相同的条目，如果有，则说明该 Segment 已经被使用了，这个 Flat 网络的创建就会失败。如果数据库里并没有存在相同的条目，则还需检查配置文件的设置，通常将需要创建的 Flat 网络的物理网络名称写入配置文件，如果这个名称使用通配符"*"代替，则表示任意的物理网络名称都满足要求。

（2）Tunnel Type Driver

VxLAN 和 GRE 都是 Tunnel 类型的虚拟网络，针对 Tunnel 网络，ML2 引入了类 TunnelTypeDriver，它除了实现了 Type Driver 要求的接口，还针对 Tunnel 类型网络定义了一些新的接口供 VxLAN 与 GRE Driver 实现。

（3）VLAN Type Driver

VLAN 的管理则与 GRE 与 VxLAN 不同。VLAN 必须指定有 PHYSICAL_NETWORK，这是因为 VLAN 必须在主机的某个网络接口（比如 eth0）上配置，而 VxLAN 和 GRE 不需要和主机网络接口绑定。

每个物理网络上都可以有 4 095 个可用 VLAN ID，即最多可以有 4 095 个 Segment。

3. Mechanism Driver

Open vSwitch、LinuxBridge、Hyperv 等 Mechanism Driver 都采用了已有的 Agent，也就是 ML2 引入前那些 Plugin 对应的 Agent 完成具体的操作。

如果需要支持新的网络实现机制，无须从头开发新的 Core Plugin，只需要开发相应的 Mechanism Driver，大大减少了要编写和维护的代码。

5.3.2　Service Plugin

Neutron 中除了 network、port、subnet 几个核心资源，其他都被作为 Extension API 进行实现。随着 ML2 的成熟和体系架构的演变，Extension API 的实现演变为两种方式，一种是实现在某个 Core Plugin 内，比如 ML2 内的 Port Binding、Security Group 等，另一种就是使用 Service Plugin 的方式，比如提供防火墙服务的 Firewall Plugin，提供负载均衡服务的 LoadBalance Plugin。

1. Firewall

FWaaS 给租户网络提供虚拟防火墙，从 H 版本开始支持基于 Linux IPTables 的 FwaaS。FWaaS 如今已发展为一个独立的 OpenStack 项目 openstack/neutron-fwaas。

Neutron 已有的网络安全模块是安全组，但是其支持的功能有限，且只能对单个 port 有效，不能满足很多需求，比如租户不能选择性地将 rule 应用到自己的网络。

FWaaS 定义的数据模型有三个（对应数据库中的三个表）：Firewall、Policy 和 Rule。租户可以创建 Firewall，每个 Firewal 可以关联一组 Policy，而 Policy 是 Rule 的有序列表。Policy 相当于一个模板，由 admin 创建的 Policy 可以在租户之间共享。Rule 不能直接应用到 Firewall，必须加入 Policy 后才能和防火墙关联。

创建 Rule。

```
$ neutron firewall-rule-create --protocol {tcp|udp|icmp|any} --destination-port \
  PORT_RANGE --action {allow|deny}
```

创建 Policy。

```
$ neutron firewall-policy-create --firewall-rules "FIREWALL_RULE_IDS_OR_NAMES" \
  myfirewallpolicy
```

多个防火墙 Rule 的 ID 用空格分隔，注意 Rule 的排列顺序很重要。我们能够创建一个不包括任何 Rule 的 Policy，并随后为其添加 Rule。

创建 Firewall。

```
$ neutron firewall-create FIREWALL_POLICY_UUID
```

Firewall Service Plugin 的实现借鉴了 ML2 的结构化思路，也将整个框架划分为 Plugin、Agent 和 Driver 三个部分。但与 ML2 不同的是，Firewall Plugin 的 Driver 并不是 Plugin 的组成部分，而是 Agent 的组成部分。

Firewall Plugin 的 Driver 是给 Agent 操作具体的 Firewall 设备的，因此类似于 Firewall 对应的设备 Driver，比如 Linux IPTables Driver。Firewall Plugin 也没有独立运行的 Agent 进程，Firewall Agent 以 Mixin 模式集成到 L3 Agent 之内在网络节点上运行。Firewall Agent 没有内部的中间状态需要保存或记录到数据库，它只起到一个中间人的作用。Firewall Service Plugin 的实现框架如图 5-16 所示。

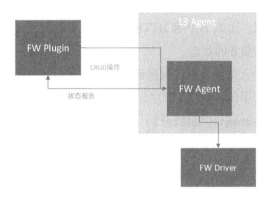

图 5-16　Firewall Service Plugin 的实现框架

Firewall Agent 内嵌于 L3 Agent，响应 Firewall Plugin 的操作，收集 Driver 所需要的信息，进而转交给 Firewall Driver 操作具体的 Firewall 设备。

Firewall 的位置和 Router 类似，它也必须支持 DVR（Distributed Virtual Router）。在 DVR 情景下，Firewall rule 在计算节点上需要安装到 FIPNamespace，在控制节点上需要安装到 SNAT Namespace 内。

2. LoadBalance

LBaaS 提供在 VM Instance 之间做负载均衡的能力。LBaaS 长期的目标是提供一组 API，让用户可以在不同的 LB 后端实现之间无缝切换。LbaaS 后来创建成单独的 OpenStack 项目 openstack/neutron-lbaas。自 K 版本开始，openstack/octavia 从 neutron-lbaas 分离出来，历经几个版本的迭代，现已逐渐替代 openstack/neutron-lbaas，以非 Neutron Service Plugin 的形式为 OpenStack 提供独立的 Load Balance（负载均衡）服务。这里仅以 LBaaS Service Plugin 的基本实现方式为例。

一个典型的 LB 场景是租户需要把 Web 应用部署到 n 个位于同一个虚拟网络内的 VM 组成 HA，每个 VM 内都会运行 Web Server，比如 Apache。那么 LB 需要提供一个唯一的共用的 IP 访问 HA 内的 VM，并将指向 IP 的流量负载均衡分配给各个 VM。更进一步，用户可能需要部署 m 个 HTTP Server 和 n 个 HTTPS Server，甚至这些 Server 并不在同一个虚拟网络内，也需要使用同一个 IP 访问。

总体上，LBaaS 主要提供如下功能：

- 将网络流量负载均衡到 VM。
- 在不同协议，比如 TCP 和 HTTP 之间做负载均衡。
- 监控应用和服务的状态。
- 限制链接，入站流量可以根据链接限制做 shape，可以作为负载控制，防 DoS 攻击的手段。
- Session persistence（会话保持），通过源 IP 或 Cookie 路由，保证将请求送到负载池中的指定虚拟机。

使用 LoadBalance Plugin 配置负载均衡需要完成三个任务：首先创建一个计算池，一开始可以为空；然后为计算池添加几个成员；最后创建几个 health monitor（健康监控），并将其和计算池关联起来，同时为计算池配置 VIP（Virtual IP）。

创建一个 LB pool。

```
$ neutron lb-pool-create --lb-method ROUND_ROBIN --name mypool --protocol HTTP --subnet-id SUBNET_UUID
```

关联服务，比如 Web Server 到创建的 pool。

```
$ neutron lb-member-create --address WEBSERVER1_IP --protocol-port 80 mypool
$ neutron lb-member-create --address WEBSERVER2_IP --protocol-port 80 mypool
```

创建 health monitor。

```
$ neutron lb-healthmonitor-create --delay 3 --type HTTP --max-retries 3 --timeout 3
```

将 health monitor 关联到 pool。

```
$ neutron lb-healthmonitor-associate HEALTHMONITOR_UUID mypool
```

创建 VIP，对此 VIP 的访问将会被负载均衡到 pool 中的 VM。

```
$ neutron lb-vip-create --name myvip --protocol-port 80 --protocol HTTP --subnet-id SUBNET_UUID mypool
```

LoadBalance Service Plugin 同样采用了结构化的实现方式，将整个框架划分为 Plugin、Plugin Driver、Agent 和设备 Driver。LoadBalance Service Plugin 实现框架如图 5-17 所示。

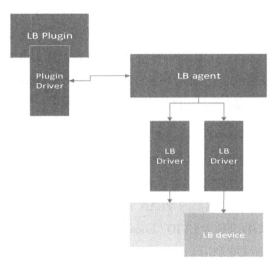

图 5-17　LoadBalance Service Plugin 实现框架

Plugin 负责完成数据存储、请求验证及调度，其调度功能是为一个 LB pool 分配一个 Agent。换句话说，就是分配一个 LB 设备负责一个 LB pool 的负载均衡。在 Plugin 侧有一个 Plugin Driver，负责收集信息并将其发送至选定的 Agent。Agent 是独立的服务进程，管理具体的 LB Device。设备 Driver 是将统一的 LBaaS 数据模型部署为特定供应商的模型，并负责配置 LB 设备。

LoadBalance Plugin 支持用户在多个 LB 设备之间进行自由选择，Plugin 部署在网络节点，而负责进行负载均衡的 LB 设备可能有多个，LB 设备可以是 VM 也可以是专用设备。每个设备都需要一个 Agent 进行管理。Plugin 会为 LB pool 选择调度一个 active 的 Agent。

5.4 Neutron Agent

ML2 Plugin 的主要工作是管理虚拟网络资源，保证数据正确无误，具体网络设备的设置则由 Agent 完成，下面即以 OVS Agent（Open vSwitch Agent）为例。

基于 Plugin 提供的信息，OVS Agent 负责在计算节点或网络节点上，通过对 OVS 虚拟交换机的管理将一个 Network 映射到物理网络。需要 OVS Agent 执行一些 Linux 网络和 OVS 相关的配置与操作，Neutron 提供了最为基础的操作接口，从而可以通过 Linux Shell 命令完成 OVS 的配置。

对 ML2 Plugin 来说，OVS 只是 VLAN、GRE、VxLAN 等不同网络拓扑类型的一种底层实现机制。对于 VLAN 类型的网络，首先面对的问题是属于不同 Network 的外部流量进入一个节点时，如何对其进行隔离。OVS 的 VLAN 功能可以很好地解决这个问题，但是需要在节点的入口处创建一个 OVS 的 Bridge，通常会被命名为 br-ethx，同时将 eth0、eth1 等物理网络接口挂接到 Bridge 上。

另一个 VLAN 类型网络需要解决的问题是节点内部不同虚拟网络的隔离，通过 Local VLAN 来完成。每个节点内部都可以看作是一个小型的虚拟网络拓扑，不同的 VM 通过 Linux Bridge 进行桥接，这些 Linux Bridge 又会挂接在一个内部的 OVS Bridge 上。基于 OVS Bridge，通过内部的 VLAN 将属于不同 Network 的 VM 进行二层流量隔离，对应的 VLAN ID 又称为 LVID（Local VLAN ID）。此外，对于网络节点来说，除了 Local VLAN，还需要利用 Linux Network Namespace 隔离网络协议栈。

我们需要一些配置信息帮助 Neutron 建立具体的虚拟网络，典型的 OVS 配置如下。

```
[ovs]
tenant_network_type = vlan
network_vlan_ranges = physnet1:300:500
integration_bridge = br-int
bridge_mappings = physnet1:br-eth
```

基于这个配置，VLAN 类型网络节点内虚拟网络拓扑如图 5-18 所示。

第 5 章 OpenStack 网络

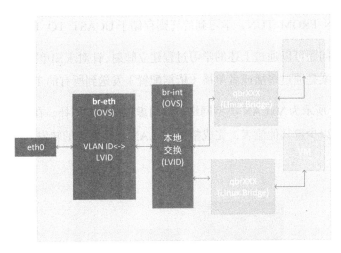

图 5-18　VLAN 类型网络节点内虚拟网络拓扑

br-eth 完成外部物理 VLAN ID 到内部 LVID 的映射，会将外部数据包中的 VLAN ID 替换为内部的 LVID。br-int 则负责处理 Local VLAN 的二层交换。qbrXXX 为 Linux Bridge，它和 VM 与其的连接都由 Nova 进行设置，并不由 Neutron 负责。

而对于 VxLAN 类型的网络来说，同样也需要解决节点内部不同虚拟网络之间的隔离问题，解决这个问题的方式也与 VLAN 类型网络相同。此外，VxLAN 类型网络主要解决的问题是 OVS 网桥无法从隧道学习 MAC 地址，因此仍然需要为每一个加入 VxLAN 网络的节点建立一个 Tunnel Port，需要和 GRE 一样的学习机制获取远端 MAC 和 Tunnel Port 的对应关系。

只因为 OVS 网桥无法从隧道学习 MAC 地址，所以才采用了和 GRE 相同的学习策略。当报文从 br-int 进入 br-tun（VxLAN 同样在节点入口处创建一个 Bridge 负责外部流量的隔离）后，通过目的 MAC 找到一个单播 IP 和 VNI（VxLAN ID）。OVS 不能自动学习这个对应关系，需要为每个 VxLAN 端点（VxLAN 隧道两端的节点）建立一个 Tunnel Port，然后通过 OVS 流表规则学习 Tunnel Port。

当单播报文从远端进入 br-tun 的时候，就可以确信这个报文的源 MAC 地址对应的 VM 肯定位于此 Tunnel Port 连接的远端主机，这就是发送报文需要的 OVS 端口。将这个对应关系作为一个规则写入 OVS 的一个流表即可为反向的流量提供 MAC 到 Tunnel Port 的映射（即远端 IP 和 VNI）。

这个过程和一般交换机 MAC 地址学习的过程极为类似，学习过程中使用的 OVS

流表是 LEARN_FROM_TUN，学习到的规则存储于 UCAST_TO_TUN。

单播发送问题可以通过上述的学习过程建立映射，针对未知单播或广播报文又该如何处理？答案是通过多播或者单播（依据配置）发送到所有的 Tunnel Port 上。

如图 5-19 所示为 VxLAN 类型网络节点内虚拟网络的拓扑。在 Tunnel Port 学习的基础之上辅以少量其他流表，完成整个 VxLAN 虚拟网络的转发。

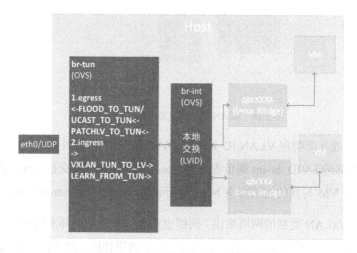

图 5-19　VxLAN 类型网络节点内虚拟网络拓扑

- egress 方向（从节点内部到物理网络）上，从 br-int 进入 br-tun 的数据报文首先由流表 PATCH_LV_TO_TUN 根据报文是否为单播，定向到 UCAST_TO_TUN 或 FLOOD_TO_TUN。UCAST_TO_TUN 是上述学习到的 MAC 与 Tunnel Port 的映射规则，而 FLOOD_TO_TUN 则是将报文发送到所有属于虚拟子网的 Tunnel Port。
- ingress 方向（从 Tunnel Port 到节点内部网络），从 Tunnel Port 进入的报文经过流表 VXLAN_TUN_TO_LV，此流表负责查找 VNI 对应的 LVID 填入报文，之后将报文送到表 LEARN_FROM_TUN 进行 MAC 地址学习。

与图 5-18 所示不同，物理网络接口 eth0 与 br-tun 之间并没有连接。对于 VxLAN 来说，eth0 接收外部进入的网络流量后，Linux 网络协议栈会将其转交给 br-tun 处理，因此也并不需要配置 eth0 与 br-tun 之间的 bridge-mapping。

第 6 章 容器网络

我们为什么要使用虚拟机和物理机？这一问题并没有一个标准答案。因为它们都有自身适用的场景，在这样的场景下，它们都是不可替代的。原本并没有虚拟机，所有的应用都直接运行在物理机上，计算资源和存储资源都难以增减，要么不够用，要么是把过剩的资源浪费掉，所以虚拟机被广泛应用，物理机的使用场景被极大地压缩到了像数据库系统这样的特殊应用上面。

原本也没有容器，我们把大部分的应用运行在虚拟机上面，只有少部分特殊应用仍然运行在物理机上。但现在所有的虚拟机技术方案都无法回避两个主要的问题，一个是 Hypervisor 本身的资源消耗与磁盘 I/O 性能的降低，另一个是虚拟机仍然是一个独立的操作系统，对很多类型的应用来说都显得太重了。所以，容器技术出现并逐渐火热，所有应用可以直接运行在物理机的操作系统之上，可以直接读写磁盘，应用之间通过计算、存储和网络资源的命名空间进行隔离，为每个应用形成一个逻辑上独立的"容器操作系统"。

6.1 容器

如图 6-1 所示，容器技术最早可以追溯到 1979 年 UNIX 系统中的 chroot，最初是为了方便切换 root 目录，为每个进程提供文件系统资源的隔离。

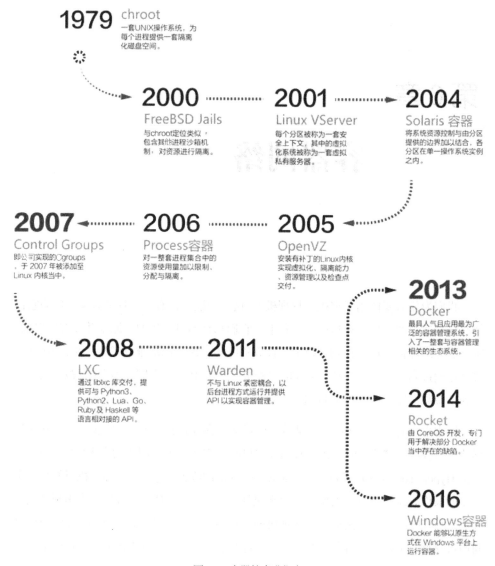

图 6-1　容器技术进化史

2000 年，BSD 吸收并改进了 chroot 技术，发布了 FreeBSD Jails。FreeBSD Jails 除了文件系统隔离，还添加了用户和网络资源等的隔离，每个 Jail 还能分配一个独立 IP，进行一些相对独立的软件安装和配置。

2001 年，Linux 发布了 Linux VServer，VServer 依旧延续了 FreeBSD Jails 的思想，在一个操作系统上隔离文件系统、CPU 时间、网络地址和内存等资源，每一个分区都被称为一个 security context，内部的虚拟化系统被称为 VPS。

2004 年，作为 Solaris 10 中的特性，SUN 公司发布了 Solaris Containers，其包含了系统资源控制和 Zone 提供的二进制隔离，Zone 作为在操作系统实例内一个完全隔离的虚拟服务器存在。

2005 年，SWsoft 公司发布了 OpenVZ，与 Solaris Containers 类似，OpenVZ 通过打补丁的 Linux 内核来提供虚拟化、隔离、资源管理和检查点。OpenVZ 标志着内核级别的虚拟化真正成为主流，之后不断有相关的技术被加入内核。

2006 年，Google 公司发布了 Process 容器，Process 容器 记录和隔离每个进程的资源使用，包括 CPU、内存、硬盘 I/O、网络等，后改名为 Cgroups（Control Groups），并在 2007 年被加入 Linux2.6.24 内核版本中。

2008 年，出现了第一个比较完善的 LXC 容器技术，基于已经被加入内核的 Cgroups 和 Linux Namespaces 实现。不需要打补丁，LXC 就能运行在任意 vanila 内核的 Linux 上。

2011 年，CloudFoundry 发布了 Warden，和 LXC 不同，Warden 可以工作在任何操作系统上，作为守护进程运行，还提供管理容器的 API。

2013 年，Google 公司建立了开源的容器技术栈 lmctfy。Google 公司开启这个项目是为了通过容器实现高性能、高资源利用率、接近零开销的虚拟化技术。目前，Kubernetes 中的监控工具 cAdvisor 就起源于 lmctfy 项目，2015 年 Google 公司将 lmctfy 的核心技术贡献给了 Libcontainer。

2013 年 Docker 诞生，Docker 最早是 dotCloud 公司内部的项目。和 Warden 类似，Docker 最初也使用了 LXC，后来才自己开发 Libcontainer 替换了 LXC。和其他容器技术不同的是，Docker 围绕容器构建了一套完整的生态，包括容器镜像标准、容器 Registry、REST API、CLI、容器集群管理工具 Docker Swarm 等。

2014 年 CoreOS 创建了 rkt，为了改进 Docker 在安全方面的缺陷，重写的一个容器引擎，相关的容器工具产品包括了服务发现工具 etcd 和网络工具 flannel 等。

2016 年，微软公司发布了基于 Windows 的容器技术 Hyper-V Container，原理与 Linux 的容器技术类似，可以保证在某个容器里运行的进程与外界是隔离的，兼顾了虚拟机的安全性和容器的轻量级。

6.1.1 容器技术框架

容器技术框架如图 6-2 所示。

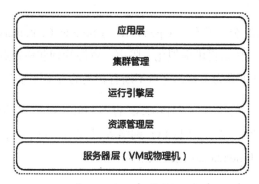

图 6-2 容器技术框架

服务器层包含容器运行时的两种场景，泛指容器运行的环境。资源管理层的核心目标是对服务器和操作系统资源进行管理，以支持上层的容器运行引擎。应用层泛指所有运行在容器上的应用程序，以及所需的辅助系统，包括监控、日志、安全、编排、镜像仓库等。

运行引擎层主要指常见的容器系统，包括 Docker、Rkt、Hyper、CRI-O 等，负责启动容器镜像、运行容器应用和管理容器实例。运行引擎又可以分为管理程序（Docker Engine、OCID、hyper、Rkt、CRI-O 等）和运行时环境（runC/Docker、runV/Hyper、runZ/Solaris 等）。需要注意的是，运行引擎是单机程序（类似虚拟化中的 KVM 和 Xen），引擎运行在服务器和操作系统之上，接受上层集群管理系统的管理。

容器的集群管理系统类似于针对虚拟机的集群管理系统，它们都是通过对一组服务器运行分布式应用，细微区别只是在于后者需要运行在物理服务器上，而前者既可以运行在物理服务器上，也可以运行在虚拟服务器上。常见的容器集群管理系统有Kubernetes、Docker Swarm、Mesos，其中 Kubernetes 的地位可以与 OpenStack 相比。围绕 Kubernetes，CNCF 基金会已经建立了一个非常强大的生态体系，这是 Docker Swarm 和 Mesos 都不具备的。而 CNCF 基金会本身也正向着容器界的 OpenStack 基金会发展。

第 6 章 容器网络

1. 容器集群技术演进

2013 年 7 月,Mesosphere 发布了名为 Marathon 的开源项目,旨在让用户在同一组服务器上更智能地运行多种应用程序和服务。

2014 年 6 月,Google 公司开源了 Kubernetes。

2014 年 12 月,Docker 公司发布名为 Swarm 的容器集群管理工具。Swarm 的主要作用是把若干台 Docker 主机抽象为一个整体,并且通过一个统一的入口管理这些 Docker 主机上的各种 Docker 资源。Swarm 与 Kubernetes 相比更轻便,具有的功能也比 Kubernetes 少一些。

2015 年 4 月,CoreOS 公司推出了容器网络接口规范 CNI,功能涵盖了 IPAM、L2 和 L3,目的在于定义一个标准的接口规范,使得 Kubernetes 在增删 Pod 的时候,能够按照规范向 CNI 实例提供标准的输入并获取标准的输出,再将输出作为 Kubernetes 管理 Pod 的网络的参考。

2015 年 5 月,Docker 发布了容器网络模型 CNM,Libnetwork 是 CNM 的原生实现。与 CNI 相比,CNM 的优势就是原生,和 Docker 容器生命周期紧密结合,但是缺点也是原生,被 Docker "绑架"。

2015 年 6 月,Docker 公司与 Linux 基金会等联合推出开放容器标准规范 OCI (Open Container Initiative)。总的来说,如果容器以 Docker 作为标准,那么 Docker 接口的变化将导致社区中所有相关工具都要更新,不然无法使用;如果没有标准,将导致容器实现的碎片化出现大量的冲突和冗余。这两种情况都是社区不愿意看到的,OCI 就是在这个背景下出现的,它的使命是推动容器标准化,使容器能够运行在任何硬件和系统上,相关的组件也不必绑定在任何的容器运行上。

目前 OCI 主要有两个标准文档:容器运行时标准(runtime spec)和容器镜像标准(image spec)。如图 6-3 所示,两个协议通过 OCI Runtime filesytem bundle 标准格式连接在一起,OCI 镜像可以通过工具转换成 bundle,然后 OCI 容器引擎能够识别 bundle 来运行容器。

2015 年 7 月,Google 公司主导成立了云原生计算基金会 CNCF,旨在推动以容器为中心的云原生系统。从 2016 年 11 月,CNCF 开始维护一个名为 Cloud Native Landscape 的 repo(https://github.com/cncf/landscape),汇总目前比较流行的云原生技术，并加以分类，希望能为企业构建云原生体系提供参考。

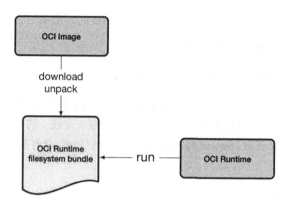

图 6-3　OCI 容器运行时标准与 OCI 容器镜像标准

云原生以容器为核心技术，分为运行时（Runtime）和 Orchestration 两层，Runtime 负责容器的计算、存储、网络；Orchestration 负责容器集群的调度、服务发现和资源管理。

往下是基础设施和配置管理。容器可以运行在各种系统上，包括公有云、私有云、物理机等，同时还依赖于自动化部署工具、容器镜像工具、安全工具等运维系统才能工作。

往上是容器平台上的应用层，类似于手机的 App Store，分为数据库和数据分析、流处理、SCM 工具、CI/CD 和应用定义几类，每家公司根据业务需求会有不同的应用体系。

Landscape 右边有两块：平台和观察分析。平台是指基于容器技术提供的平台级服务，比如常见的 PaaS 服务和 Serverless 服务。观察分析是容器平台的运维，从日志和监控方面给出容器集群当前的运行情况，方便分析和调试。

2016 年 3 月，Google 公司将 Kubernetes 捐赠给了 CNCF 基金会。

2016 年 6 月，Docker 公司在 Docker1.12 版本中将 Swarm 整合进 Docker Engine。

2016 年 9 月，Mesosphere 发布了 DC/OS 1.8，包含了 DC/OS 全局容器运行时，它允许用户不用依赖 Docker daemon 就可以部署 Docker 镜像。

2017 年 3 月，CoreOS 和 Docker 分别将 Rkt 和 Containerd 捐赠给 CNCF。

2017 年 7 月，OCI 发布了容器运行时标准和容器镜像标准的 1.0 版本。微软 Azure 发布了 ACI（Azure Container Instance）服务。

2017 年 12 月，标准化容器存储接口规范（CSI）发布，CSI 的主要目的是使得存储提供商只需要编写一个插件，就能在大部分的容器编排系统上工作。

Kubernetes 的存储卷插件是内置的，这些插件是和 Kubernetes 核心一起连接、编译、构建和发布的。向 Kubernetes 中加入一种新的存储系统的支持（也就是一个存储卷插件），需要将代码提交到 Kubernetes 仓库中。但对于很多插件开发者来说，跟随 Kubernetes 的发布流程是很痛苦的事情。

Flex Volume Plugin 尝试通过向外部卷插件暴露基于 exec 的 API 的方式来解决这一问题。虽然让第三方存储供应商避开了写入 Kubernetes 核心代码的风险，但却需要访问节点和 Master 的 root 文件系统。

此外，Flex 没能解决插件依赖问题：卷插件经常需要很多外部需求。插件经常假设这些依赖已经安装在宿主机操作系统中了，但是经常没有安装，因为安装这些依赖也是需要对节点的 root 文件系统进行访问的。

CSI 解决了所有问题，允许在 Kubernetes 核心代码之外进行开发，使用标准的 Kubernetes 原语进行容器化部署，用户可以用熟知的 Kubernetes 存储原语（PV、PVC、StorageClass）来进行使用。

CSI 插件由第三方开发和管理，CSI 插件的作者提供了各自的介绍，用于在 Kubernetes 上部署他们的插件。Kubernetes 尽可能少地干涉 CSI 卷插件的打包和发布规范，只是规定了发布 CSI 插件的最低要求。

2018 年 2 月，RedHat 以 2.5 亿美元收购了 CoreOS。

2018 年 3 月，CNCF 技术监督委员会通过投票表决，认定 Kubernetes 成为该基金会的首个毕业项目。

2018 年 8 月，CNCF 宣布开放源码监控工具 Prometheus 从孵化状态毕业。

2018 年 11 月，Docker CE 发布了 v18.09.0 稳定版本，Kubernetes 发布了 v1.12 稳定版本，同时 KubeCon+CloudNativeCon 在上海举行。

6.1.2 Docker

Docker 的思想来自集装箱，集装箱解决了什么问题？在一艘大船上，货物被规整地摆放起来，并被集装箱标准化，集装箱和集装箱之间不会互相影响。人们就不再需要专门运送水果的船和运送化学品的船，只要这些货物在集装箱里封装得好好的，就可以用一艘大船把它们全部运走。Docker 就是类似的理念，现在流行的云计算就好比大货轮，Docker 就是集装箱。

不同的应用程序可能会有不同的应用环境，比如用.Net 开发的网站和 PHP 开发的网站依赖的软件就不一样，如果把它们依赖的软件都安装在一个服务器上就要调试很久，而且很麻烦，还可能会造成一些冲突。这时候为了隔离.Net 开发的网站和 PHP 开发的网站，可以在服务器上创建不同的虚拟机，在不同的虚拟机上放置不同的应用。但是虚拟机的开销比较高，Docker 则可以实现类似的应用环境的隔离，并且开销比较小。

如果开发软件的时候用的是 Ubuntu，但是运维管理用的都是 CentOS，运维在把软件从开发环境转移到生产环境的时候就会遇到一些环境转换的问题。这时候开发者可以通过 Docker 把开发环境直接封装转移给运维人员，运维人员直接部署 Docker 就可以了，而且部署速度快。

Docker 使用客户—服务器模型，客户端接收用户的请求，然后发送给服务器端，服务器端接收消息后，执行相应的动作，包括编译、运行、发布容器等。其中，客户端和服务器端可以运行在相同的主机上，也可运行在不同的主机上，它们之间可以通过 REST API、Socket 等进行交互，如图 6-4 所示为 Docker 架构。

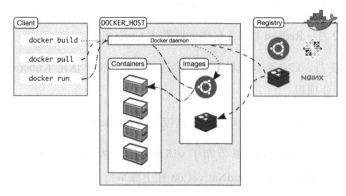

图 6-4　Docker 架构

（1）Docker 守护进程

Docker 守护进程（dockerd）始终监听是否有新的请求到达。当用户调用某个命令或 API 时，这些调用将被转化为某种类型的请求发送给 dockerd。Docker 守护进程管理各种 Docker 对象，包括镜像（Image）、容器（Container）、网络、卷、插件等。

（2）Docker 客户端

Docker 客户端是 Docker 用户与 Docker 守护进程进行交互的主要方式。当我们在命令行界面输入 Docker 命令时，Docker 客户端将封装消息并传递给 dockerd，dockerd 根据消息的类型采取不同的行动。

（3）Docker 仓库

Docker 仓库存储着 Docker 的镜像。Docker Hub 和 Docker Cloud 是公共的 Docker 仓库，任何人都可以将自己的本地镜像上传到公共仓库，或者将公共仓库的镜像下载到本地。我们可以使用配置文件来指定 Docker 仓库的位置，默认的仓库是 Docker hub。

例如，当我们想从仓库拉取 Nginx 镜像时，首先在命令行输入如下命令，开始从远端拷贝 Nginx 镜像到本地。

```
$ docker pull nginx
```

一旦上述命令执行完毕，Nginx 镜像将会被拷贝到本地，并由 Docker 引擎管理。通过 list 命令检查已经拉取的成功的镜像。

```
$ docker images
REPOSITORY        TAG        IMAGE ID        CREATED         VIRTUAL SIZE
Nginx             latest     5328fdfe9b8e    1 months ago    113.9MB
```

由于镜像已经被拉取到本地，当启动 Nginx 镜像的容器时，Docker 引擎将直接从本地读取内容，运行速度将非常快，可以使用如下命令运行一个容器。

```
$ docker run -name web1 -d -p 8080:80 nginx
```

1. Docker 网络

通过加载不同的驱动程序，Docker 网络可以实现不同类型的网络。目前存在以下几种驱动程序。

- bridge：默认的网络驱动程序，创建的网络为桥接网络。桥接网络适用于在同一个主机上运行的容器之间的通信，对于不同主机上容器之间的通信，可以在操作系统级别管理路由或使用 overlay 类型的网络。
- host：使用 host 作为驱动程序，容器将直接使用宿主机的网络，并去除容器与宿主机之间的网络隔离。目前 host 驱动仅适用于 Docker 17.06 及更高版本的 Swarm 服务。
- overlay：overlay 类型的网络可以连接多个宿主机，从而使得 Swarm 服务之间能够相互通信。
- macvlan：macvlan 网络允许为容器分配 MAC 地址，使其显示为网络上的物理设备。
- none：使用 none 驱动的容器，将被禁用所有网络。none 驱动不适用于 Swarm 服务。
- network plugin：可以从 Docker Store 或第三方供应商处获得网络插件。

默认设置下使用 bridge 驱动时，Docker 会自动生成一个虚拟网桥（名称默认为 docker0），并且从 RFC1918 定义的私有地址块中为其分配一个子网。Docker 为每一个生成的容器分配一个已连接至网桥的虚拟以太网设备 veth，而 veth 则通过 Linux Namespace 在容器中映射显示为 eth0，容器内部的 eth0 会在网桥的地址段内被分配一个 IP 地址。

结果仅当多个 Docker 容器处于同一物理主机内（即连接于同一虚拟网桥）时，它们才能互相通信。处于不同机器内的容器间无法相互通信，而且事实上它们可能拥有完全相同的网域及 IP 地址。如图 6-5 所示，容器 A、B、C 分别通过 veth pair 连接至网桥 docker0，使得以上三个容器能够相互通信。对于运行在其他物理主机的容器，由于无法连接至物理主机 192.168.100.100 上的网桥 docker0，从而无法与容器 A、B、C 进行通信。

为了使得跨主机的 Docker 容器间能够实现互相通信，必须要在主机自身的 IP 地址上为它们分配端口并将这些端口转发或代理至容器处。显然，容器间必须相互协调小心使用分配的端口，或是动态分配这些端口。

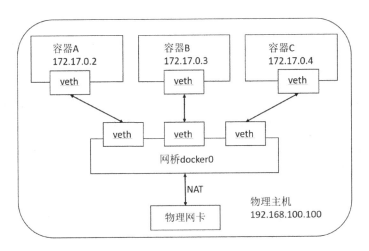

图 6-5　Docker 的网络实现

2. Libnetwork

Docker 在 1.9 版本中引入了一整套的 Docker Network 子命令和跨主机网络支持。其实，早在 Docker 1.7 版本中，网络部分代码就已经被剥离并单独成为了 Docker 的网络库，即 Libnetwork。此后，容器的网络模式也被抽象变成了统一接口的驱动。

为了标准化网络驱动的开发步骤和支持多种网络驱动，Docker 公司在 Libnetwork 中使用了 CNM（Container Network Model）。CNM 定义了构建容器虚拟化网络的模型，同时还提供了可以用于开发多种网络驱动的标准化接口和组件。Libnetwork 和 Docker daemon 及各个网络驱动的关系如图 6-6 所示。

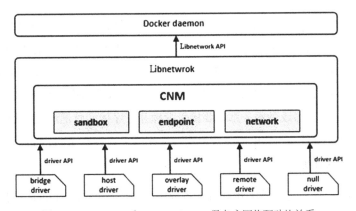

图 6-6　Libnetwork 和 Docker daemen 及各户网络驱动的关系

Docker daemon 通过调用 Libnetwork 对外提供的 API 完成网络的创建和管理。Libnetwork 内部则使用了 CNM 来实现网络功能。CNM 中主要有沙盒（sandbox）、端点（endpoint）和网络（network）3 种组件。

- 沙盒：一个沙盒包含了一个容器网络栈的信息。沙盒可以对容器的接口（interface）、路由和 DNS 设置等进行管理。沙盒的实现可以是 Linux network namespace、FreeBSD Jail 或类似的机制。一个沙盒可以有多个端点和网络。
- 端点：一个端点可以加入一个沙盒和一个网络。端点的实现可以是 veth pair、Open vSwitch 内部端口或类似的设备。一个端点可以属于一个网络并且只属于一个沙盒。
- 网络：一个网络是一组可以直接互相联通的端点。网络的实现可以是 Linux Bridge、VLAN 等。一个网络可以包含多个端点。

Docker 最初只有三种网络类型（bridge、none、host），在引入 Libnetwork 之后，又增加了 overlay、remote driver、macvlan 等。现在用户能以驱动/插件的形式，使用其他特定类型的网络插件实体，例如 overlay。Libnetwork 将以接口的形式为 Docker 提供网络服务。为了支持第三方的驱动，引入了 remote driver 类型，通过统一的 Json-RPC 接口，让更专业的网络供应商加入 Docker 的生态圈来，使用户不再局限于原生驱动，大大提高了 Docker 网络的升级扩展能力。

6.1.3 Kubernetes

容器是很轻量化的技术，相对于物理机和虚拟机而言，在等量资源的基础上能创建出更多的容器实例。一旦面对着分布在多台主机上且拥有数百个容器的大规模应用时，传统的或单机的容器管理解决方案就会变得力不从心。另一方面，由于为微服务提供了越来越完善的原生支持，在一个容器集群中的容器粒度越来越小、数量越来越多，这种情况下，容器或微服务都需要接受管理并有序接入外部环境，从而实现调度、负载均衡及分配等任务。简单而高效地管理快速增长的容器实例，自然成了一个容器编排系统的主要任务。

而 Kubernetes 就是容器编排和管理系统中的当红选手。Kubernetes 的核心是如何解决自动部署，扩展和管理容器化应用程序。

如图 6-7 所示，Kubernetes 属于主从的分布式集群架构，包含 Master 和 Node：Master 作为控制节点，调度管理整个系统；Node 是运行节点，运行业务容器。每个 Node 上运行有多个 Pod，Pod 中可以运行多个容器（通常一个 Pod 中只部署一个容器，也可以将一些高度耦合的容器部署在一起），然而 Pod 无法直接对来自 Kubernetes 集群外部的访问提供服务。

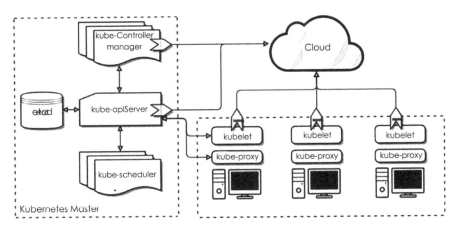

图 6-7　Kubernetes 架构

（1）Master

Master 节点上面主要由四个组件组成：API Server、Scheduler、Controller Manager、etcd。

etcd 是 Kubernetes 用于存储各个资源状态的分布式数据库，采用 Raft 协议作为一致性算法。

API Server（kube-apiserver）主要提供认证与授权、管理 API 版本等功能，通过 RESTful API 向外提供服务，任何对资源（Pod、Deployment、Service 等）进行增删改查等操作都要交给 API Server 处理后再提交给 etcd。

Scheduler（kube-scheduler）负责调度 Pod 到合适的 Node 上，根据集群的资源和状态选择合适的节点创建 Pod。如果把 Scheduler 看作一个黑匣子，那么它的输入是 Pod 和由多个 Node 组成的列表，输出是 Pod 和一个 Node 的绑定，即将 Pod 部署到 Node 上。Kubernetes 提供了调度算法的实现接口，用户可以根据自己的需求定义自己的调度算法。

如果说 API Server 做的是"前台"的工作的话,则 Controller Manager 就是负责的"后台"。每个资源一般都对应有一个控制器,而 Controller Manager 就是负责管理这些控制器的。比如我们通过 API Server 创建一个 Pod,当 Pod 创建成功后,API Server 的任务就算完成了,而后面保证 Pod 的状态始终和预期一样的重任就由 Controller Manager 去完成了。

(2) Pod

Kubernetes 将容器归类到一起,形成"容器集"(Pod)。Pod 是 Kubernetes 的基本操作单元,也是应用运行的载体。整个 Kubernetes 系统都是围绕着 Pod 展开的,比如如何部署运行 Pod、如何保证 Pod 的数量、如何访问 Pod 等。

Pod 为容器分组增加了一个抽象层,有助于调用工作负载,并为这些容器提供所需的联网和存储等服务。一个 Pod 表示一组容器所形成的集合,以及这些容器所共享的一些资源。这些资源包括:

- 所共享的存储,如卷(Volume)。
- 网络,如 Pod 的 IP 地址。
- 运行这些容器所需的相关信息,如容器镜像版本、使用的特定端口等。

同一 Pod 下的多个容器共用一个 IP,则不能出现重复的端口号,比如在一个 Pod 下运行两个 Nginx 就会有一个容器出现异常。一个 Pod 下的多个容器可以使用 localhost 加端口号访问对方的端口。

如图 6-8 所示,每个圆圈代表一个 Pod,圆圈中的正方体代表一个应用程序容器,圆柱体代表一个卷。Pod 4 中包含了三个应用程序容器、两个卷,该 Pod 的 IP 地址为 10.10.10.4。而 Pod 1 中只包含了一个应用程序容器。

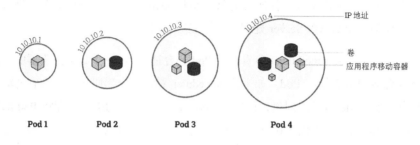

图 6-8 Pod

（3）Node

Node 指 Kubernetes 中的工作机器（worker machine），可以是虚拟机，也可以是物理机，由 Master 来进行管理。每个 Node 上可以运行多个 Pod，Master 会根据集群中每个 Node 上的可用资源情况自动地调度 Pod 的部署。

每个 Node 上都会运行以下组件。

- kubelet：是 Master 在每个 Node 节点上面的 agent，负责 Master 和 Node 之间的通信，并管理 Pod 和容器。
- kube-proxy：实现了 Kubernetes 中的服务发现和反向代理功能。在反向代理方面，kube-proxy 支持 TCP 和 UDP 连接转发，默认基于 Round Robin 算法将客户端流量转发到与 Service 对应的一组后端 pod。在服务发现方面，kube-proxy 使用 etcd 的 watch 机制，监控集群中 Service 和 Endpoint 对象数据的动态变化，并且维护一个 Service 到 Endpoint 的映射关系，从而保证了后端 Pod 的 IP 变化不会对访问者造成影响。另外，kube-proxy 还支持 session affinity。
- 一个容器：负责从 Registry 拉取容器镜像、解压缩容器及运行应用程序。

图 6-9 展示了一个 Node，其中部署了四个 Pod，此外 Node 上还运行有 kubelet 和一个 Docker 容器。

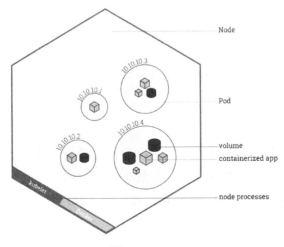

图 6-9　Node

Pod 是有生命周期的，Pod 被分配到一个 Node 上之后，就不会离开这个 Node，直到被删除。当某个 Pod 失败时，首先会被 Kubernetes 清理掉，之后 Replication Controller 会在其他机器（或本机）上重建 Pod，重建之后 Pod 的 ID 发生了变化，与原有的 Pod 将拥有不同的 IP 地址，因而将会是一个新的 Pod。所以，Kubernetes 中 Pod 的迁移，实际指的是在新 Node 上重建 Pod。而将 Pod 部署在 Service 中，使得 Kubernetes 可以自动协调 Pod 之间的更改，从而支持应用程序的持续运行。

（4）Replication Controller

Replication Controller（RC）是 Kubernetes 中的另一个核心概念，应用托管在 Kubernetes 之后，Kubernetes 需要保证应用能够持续运行，这就是 RC 的工作内容，它会确保任何时间 Kubernetes 中都有指定数量的 Pod 在运行。在此基础上，RC 还提供了一些更高级的特性，比如弹性伸缩、滚动升级等。

RC 与 Pod 的关联是通过 Label 来实现的，Label 是一系列的 Key/Value 对。Label 机制是 Kubernetes 中的一个重要设计，通过 Label 进行对象的关联，可以灵活地进行分类和选择。对于 Pod，需要设置其自身的 Label 来进行标识。

Label 的定义是任意的，但是必须具有可标识性，比如设置 Pod 的应用名称和版本号等。另外，Lable 不具有唯一性，为了更准确地标识一个 Pod，应该为 Pod 设置多个维度的 label。例如：

```
"release" : "stable", "release" : "canary"
"environment" : "dev", "environment" : "qa", "environment" : "production"
"tier" : "frontend", "tier" : "backend", "tier" : "cache"
"partition" : "customerA", "partition" : "customerB"
"track" : "daily", "track" : "weekly"
```

- 弹性伸缩

弹性伸缩是指适应负载的变化，以弹性可伸缩的方式提供资源。反映到 Kubernetes 中，指的是可以根据负载的高低动态调整 Pod 的副本数量。调整 Pod 的副本数量可以通过修改 RC 中 Pod 的副本数来实现，例如：

```
// 扩容 Pod 的副本数目到 10
$ kubectl scale relicationcontroller yourRcName --replicas=10
// 缩容 Pod 的副本数目到 1
```

```
$ kubectl scale relicationcontroller yourRcName --replicas=1
```

- 滚动升级

滚动升级是一种平滑过渡的升级方式，通过逐步替换的策略，保证系统的整体稳定，在初始升级的时候就可以及时发现问题并调整，以保证问题的影响不会扩大。Kubernetes 中滚动升级的命令如下。

```
$ kubectl rolling-update my-rcName-v1 -f my-rcName-v2-rc.yaml --update-period=10s
```

升级开始后，首先依据提供的定义文件创建 v2 版本的 RC，然后每隔 10s（--update-period=10s）逐步增加 v2 版本的 Pod 副本数量，逐步减少 v1 版本 Pod 的副本数量。升级完成之后，删除 v1 版本的 RC，保留 v2 版本的 RC，实现滚动升级。

在升级过程中，发生错误导致中途退出时，可以选择继续升级。Kubernetes 能够智能地判断升级中断之前的状态，然后紧接着继续执行升级。当然，也可以进行回退，命令如下。

```
$ kubectl rolling-update my-rcName-v1 -f my-rcName-v2-rc.yaml --update-period=10s --rollback
```

回退的方式实际就是升级的逆操作，逐步增加 v1 版本 Pod 的副本数，逐步减少 v2 版本 Pod 的副本数。

（5）Service

为了适应快速的业务需求，微服务架构已经逐渐成为主流。微服务架构的应用需要有非常好的服务编排支持，Kubernetes 中的核心要素 Service 便提供了一套简化的服务代理和发现机制，天然适应微服务架构。

在 Kubernetes 中，受到 RC 调控时，Pod 副本是变化的，对应虚拟 IP 也是变化的，比如发生迁移或伸缩的时候，这对于 Pod 的访问者来说是不可接受的。Service 是服务的抽象，定义了一个 Pod 的逻辑分组，和访问这些 Pod 的策略，执行相同任务的 Pod 可以组成一个 Service，并以 Service 的 IP 提供服务。Service 的目标是提供一种桥梁，它会为访问者提供一个固定的访问地址，用于在访问时重定向到相应的后端，这使得非 Kubernetes 原生的应用程序在无须为 Kubemces 编写特定代码的前提下，能轻松访问后端。

Service 同 RC 一样，都是通过 Label 来关联 Pod 的。一组 Pod 能够被 Service 访问到，通常是通过 Label Selector 实现的。Service 负责将外部的请求发送到 Kubernetes 内部的 Pod，同时也将内部 Pod 的请求发送到外部，从而实现服务请求的转发。当 Pod 发生变化时（增加、减少、重建等），Service 会及时更新。这样一来，Service 就可以作为 Pod 的访问入口，起到代理服务器的作用，而对于访问者来说，通过 Service 进行访问，无须直接感知 Pod。

需要注意的是，Kubernetes 分配给 Service 的固定 IP 地址是一个虚拟 IP 地址，并不是一个真实的 IP 地址，在外部是无法寻址的。在真实的系统实现上，Kubernetes 通过 kube-proxy 实现虚拟 IP 路由及转发的。所以正如前面所说的，每个 Node 上都需要部署 Proxy 组件，从而实现 Kubernetes 层级的虚拟转发网络。

- Service 内部负载均衡

当 Service 的 Endpoints 包含多个 IP 地址的时候，服务代理存在多个后端，将进行请求的负载均衡。默认的负载均衡策略是轮询或随机（由 kube-proxy 的模式决定）。

- 多个 Service 如何避免地址和端口冲突

Kubernetes 为每个 Service 分配一个唯一的 ClusterIP，所以当使用 ClusterIP : Port 的组合访问一个 Service 的时候，不管 Port 是什么，这个组合是一定不会发生重复的。另一方面，kube-proxy 为每个 Service 真正打开的是一个绝对不会重复的随机端口，用户在 Service 描述文件中指定的访问端口会被映射到这个随机端口上。这就是为什么用户在创建 Service 时可以随意指定访问端口的。

- 新一代副本控制器 Replica Set

这里所说的 Replica Set（RS），可以被认为是"升级版"的 Replication Controller。也就是说，RS 也是用于保证与 Label Selector 匹配的 Pod 数量维持在期望状态。区别在于 RS 引入了对基于子集的 selector 查询条件，而 RC 仅支持基于值相等的 selector 查询条件。这是目前从用户角度看，两者唯一的显著差异。社区引入这一 API 的初衷是用于取代 v1 版本中的 RC，也就是说，当 v1 版本被废弃时，RC 就完成了它的历史使命，而由 RS 来接管其工作。虽然 RS 可以被单独使用，但是目前它多被 Deployment 用于进行 Pod 的创建、更新与删除。Deployment 在滚动升级等方面提供了很多非常有用的功能。

（6）Deployment

Kubernetes 提供了一种更加简单的更新 RC 和 Pod 的机制，叫作 Deployment。通过在 Deployment 中描述所期望的集群状态，Deployment Controller 会将现在的集群状态在一个可控的速度下逐步更新成期望的集群状态。Deployment 的主要职责同样是为了保证 Pod 的数量和健康，继承了上面所述的 Replication Controller 全部功能（90% 的功能与 Replication Controller 完全一样），可以看作新一代的 Replication Controller。

但是，它又具备了 Replication Controller 之外的新特性：

- 事件和状态查看：可以查看 Deployment 的升级详细进度和状态。
- 回滚：当升级 Pod 镜像或相关参数的时候发现问题，可以使用回滚操作回滚到上一个稳定的版本或指定的版本。
- 版本记录：每一次对 Deployment 的操作都能保存下来，给予后续可能的回滚使用。
- 暂停和启动：对于每一次升级，都能够随时暂停和启动。

多种升级方案：Recreate，删除所有已存在的 Pod，重新创建新的；RollingUpdate，滚动升级，逐步替换的策略，支持更多的附加参数，例如设置最大不可用 Pod 数量，最小升级间隔时间等。

与 RC 比较，Deployment 具有明显的优势，Deployment 使用了 RS，是更高一层的概念。RC 只支持基于等式的 selector（env=dev 或 environment!=qa），但 RS 还支持新的，基于集合的 selector（version in (v1.0, v2.0)或 env notin (dev, qa)），这对复杂的运维管理很方便。使用 Deployment 升级 Pod，只需要定义 Pod 的最终状态，Kubernetes 会执行必要的操作。此外，Deployment 还拥有更加灵活强大的升级、回滚功能。

（7）Namespace

对于同一物理集群，Kubernetes 可以虚拟出多个虚拟集群，这些虚拟集群即称为 Namespace。Kubernetes 中的 Namespace 并不是 Linux 中的 Namespace。Kubernetes 中的 Namespace 旨在解决的场景为：多个用户分布在多个团队或项目中，但这些用户使用同一个 Kubernetes 集群。Kubernetes 通过 Namespace 将一个集群的资源分配给了多个用户。

Namespace 中包含的资源通常有 Pod、Service 和 Replication Controller 等，但是一些较底层的资源并不属于任何一个 Namespace，如 Node、PersistentVolume 不属于任何一个 Namespace。同一个 Namespace 下的资源名称必须唯一，但是不同 Namespace 下的资源名称可以重复。

6.2 Kubernetes 网络

如图 6-10 所示，Kubernetes 的网络通信可以分为以下几个部分：Pod 内部的容器间通信、Pod 间通信、Pod 与 Service 之间的网络通信、Kubernetes 外部与 Service 之间的网络通信。

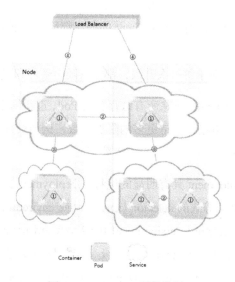

图 6-10　Kubernetes 网络模型

6.2.1　Pod 内部的容器间通信

Kubernetes 为每一个 Pod 分配了一个 IP 地址，且同一个 Pod 内的容器共享 Pod 的网络命名空间（包括 IP 地址和网络端口），这也意味着它们之间的访问可以用 localhost 加上容器端口的方式。这种网络模型被称为 "IP-per-Pod"。

该模型的实现需要利用一个 Docker 容器作为 "pod 容器" 并确保其命名空间已开启，也就是说，Kubernetes 在创建 Pod 时，会首先在 Node 节点上创建一个运行在

Docker Bridge 网络上的"pod 容器",并为这个 Pod 容器创建虚拟网卡 eth0 及分配 IP 地址。而 Pod 里的容器(称为 App 容器),只需要在创建时使用--net=container:<id> 加入该网络命名空间,这样所有的 Docker 容器就运行在同一个网络命名空间中。

Kubernetes 这种"IP-per-pod"网络模型,能让 Pod 里的容器之间通过 localhost 网络访问,同时也意味着 Pod 里的容器必须有效协调使用端口,在端口分配上不能发生冲突,而 Pod 里的容器根本不用担心和其他 Pod 里的容器发生端口冲突。

6.2.2 Pod 间通信

Pod 有可能在同一个 Node 上运行,也有可能在不同的 Node 上运行,所以 Pod 间的通信也分为两类:同一个 Node 内的 Pod 之间和不同 Node 上的 Pod 之间的通信。

1. 同一个 Node 内的 Pod 之间

每一个 Pod 都有一个真实的全局 IP 地址,同一个 Node 内的不同 Pod 之间可以直接采用对方的 IP 地址通信,而且不需要使用 DNS 等其他发现机制。

如图 6-11 的示例,Pod 和 Pod 2 都是通过 veth 连接在同一个 Docker0 网桥上的,它们的 IP 地址 IP1、IP2 都是从 Docker0 的网段上动态获取的,和网桥本身的 IP3 是同一个网段。

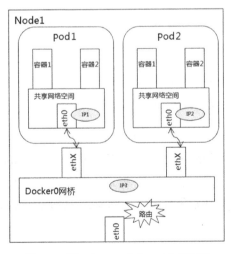

图 6-11　同一个 Node 内的 Pod 之间通信

另外，在 Pod 1、Pod 2 的 Linux 协议栈上，默认路由都是 Docker0 的地址，也就是说所有非本地地址的网络数据，都会被默认发送到 Docker0 网桥上，由 Docker0 网桥直接中转。由于 Pod 1 和 Pod 2 都关联在同一个 Docker0 网桥上，位于同一个网段，它们之间是能直接通信的。

2. 不同 Node 上的 Pod 之间

Pod 的地址与 Docker0 在同一个网段，而 Docker0 与宿主机网卡又是两个完全不同的 IP 网段，并且不同 Node 之间的通信只能通过宿主机的物理网卡进行，因此要想实现位于不同 Node 上的 Pod 之间的通信，必须想办法通过主机的 IP 地址来进行寻址和通信。

另一方面，这些动态分配且藏在 Docker0 之后的"私有"IP 地址也是可以找到的。Kubernetes 会记录所有正在运行的 Pod 的 IP 地址分配信息，并将这些信息保存在 etcd 中（作为 Service 的 Endpoint）。因为 Kubernetes 要求使用 Pod 的私有 IP 地址进行 Pod 之间的通信，所以首先要知道这些 IP 地址是什么。

此外，这些 Pod 的 IP 地址规划也很重要，不能发生冲突。只要没有冲突，就可以想办法在整个 Kubernetes 的集群中找到它。

总结来说，要想支持不同 Node 上的 Pod 间通信，要达到两个条件：

- 在整个 Kubernetes 集群中对 Pod 的 IP 地址分配进行规划，不能有冲突。
- 找到一种办法，将 Pod 的 IP 地址和所在 Node 的 IP 地址关联起来，让 Pod 之间可以互相访问。

根据第一个条件，需要在部署 Kubernetes 时，对 Docker0 的 IP 地址进行规划，保证每一个 Node 上的 Docker0 地址没有冲突。

根据第二个条件，Pod 中的数据在发出时，需要有一个机制能够知道对方 Pod 的 IP 地址挂载在哪个具体的 Node 上。也就是说先要找到 Node 对应的宿主机 IP 地址，将数据发送到宿主机的网卡上，然后在宿主机上将应用的数据转到具体的 Docker0 上。一旦数据到达宿主机 Node，则 Node 内部的 Docker0 便知道如何将数据发送到 Pod。

如图 6-12 的示例，IP 1 对应的是 Pod 1，IP 2 对应的是 Pod 2。在 Pod 1 访问 Pod

2时，首先要将数据从源 Node 的 eth0 发送出去，找到并到达 Node 2 的 eth0。也就是说先要从 IP 3 到 IP 4，之后才是 IP 4 到 IP 2 的递送。

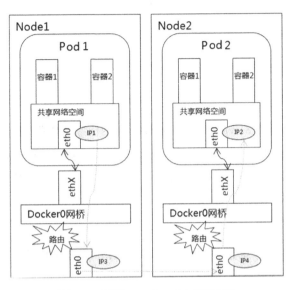

图 6-12　不同 Node 上 Pod 之间的通信

因此在实际环境中，除了部署 Kubernetes 和 Docker，还需要额外的网络配置，甚至通过一些软件或插件来实现 Kubernetes 对网络的要求。之后，Pod 之间才能无差别地透明通信。

6.2.3　Pod 与 Service 之间的网络通信

Kubernetes 里的 Pod 是不稳定的，它会由于各种原因被销毁和创造。比如在垂直扩容和滚动更新过程中，旧的 Pod 会被销毁，被新的 Pod 代替。在这期间，Pod 的 IP 地址可能会发生变化。因此提供同一服务的 Pod，其 IP 地址可能会发生变化，这也就使得前端无法通过访问 Pod 的 IP 地址的方式来获取服务，所以 Kubernetes 引入了 Service 的概念。

Service 是一个抽象的实体，Kubernetes 在创建 Service 实体时，为其分配了一个虚拟的 IP，这个 IP 地址是相对固定的。当需要访问 Pod 里的容器所提供的功能时，不直接使用 Pod 的 IP 地址和端口，而是访问 Service 的这个虚拟 IP 和端口，再由 Service 把请求转发给它背后的 Pod。如图 6-13 中的 Service 背后有 3 个 Pod 来承载。此外，Kubernetes 还通过 Service 实现了负载均衡、服务发现和 DNS 等功能。

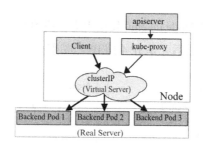

图 6-13　kube-proxy

Kubernetes 在创建 Service 时，根据 Service 的标签选择器（Label Selector）来查找 Pod，据此创建与 Service 同名的 EndPoints 对象，Service 的 targetPort 和 Pod 的 IP 地址都记录在与 Service 同名的 EndPoints 里。当 Pod 的地址发生变化时，EndPoints 也随之变化。当 Service 接收到请求时，就能通过 EndPoints 找到请求需要转发的目标地址。

Service 仅仅是一个抽象的实体，为其分配的 IP 地址也只是一个虚拟的 IP 地址，这背后真正负责转发请求的是运行在 Node 上的 kube-proxy。

在 Kubernetes v1.0 中，kube-proxy 运行在用户空间中。在 Kubernetes v1.1 中，添加了 iptables 代理，并成为自 Kubernetes v1.2 以来的默认操作模式。在 Kubernetes v1.8.0-beta.0 中，添加了 ipvs 代理。因此，目前 kube-proxy 共有三种请求转发模式，分别为 userspace、iptables 和 ipvs。

（1）userspace 模式

在 userspace 模式下，kube-proxy 会监控 Master 对 Service 和 Endpoints 对象的添加和删除操作。创建 Service 时，Node 节点上的 kube-proxy 会为其随机开放一个端口（称为代理端口），然后建立一个 iptables 规则，iptables 会完成<服务虚拟 IP，端口>与代理端口的流量转发，再从 EndPoints 里选择一个 Pod，把代理端口的流量转给该 Pod。

当 EndPoints 下有多个 Pod 时，选择 Pod 的算法有两种：一是依次循环，如果一个 Pod 没有响应，就试下一个；二是选择与请求来源 IP 地址更接近的 Pod。

（2）iptables 模式

在 iptables 模式下，创建 Service 时，Node 节点上的 kube-proxy 会建立两个 iptables

规则，一个为 Service 服务，用于将<服务虚拟 IP，端口>的流量转给后端，另一个为 Endpoints 创建，用于选择 Pod。在默认情况下，后端的选择是随机的。

iptables 模式下的 kube-proxy 不需要在用户空间和内核空间之间进行切换，这种模式下 kube-proxy 应该比 userspace 模式下运行得更快、更可靠。但与 userspace 模式下的 kube-proxy 不同的是，如果最初选择的 Pod 没有响应，则 iptables 模式下的 kube-proxy 无法自动重试另一个 Pod。因此，使用 iptables 模式需要运行有 readiness probes（准备情况探测器）。

kubelet 使用 readiness probes 来了解容器何时可以开始接收流量。当一个 Pod 内部所有容器都准备就绪时，该 Pod 被认为已准备就绪接收流量。当 Pod 未就绪时，它将从服务负载平衡器中删除。因此，可将 readiness probes 用于控制那些 Pod 用作 Service 的后端。

（3）ipvs 模式

在 ipvs 模式下，kube-proxy 会调用 netlink 接口以创建相应的 ipvs 规则，并定期与 Service 和 Endpoint 同步 ipvs 规则，从而确保 ipvs 状态与期望一致。访问 Service 时，流量将被重定向到其中某一个后端 Pod。与 iptables 类似，ipvs 也基于 netfilter hook 函数。但不同的是，iptables 规则为顺序匹配，当规则数量较多时，匹配时间将显著变长；而 ipvs 使用散列表作为底层数据结构，并在内核空间中工作，这使得规则匹配的时间较短。这也意味着 ipvs 可以更快地重定向流量，并且在同步代理规则时具有更好的性能。

此外，ipvs 提供了多种负载均衡算法，例如：rr（round-robin，轮询调度算法），lc（least connection，最少连接数调度算法），dh（destination hashing，目的地址散列调度算法），sh（source hashing，源地址散列调度算法），sed（shortest expected delay，最短期望延迟调度算法），nq（never queue，永不排队调度算法）。

需要注意的是，ipvs 模式需要 Node 上预先安装 ipvs 内核模块。当 kube-proxy 以 ipvs 模式启动时，kube-proxy 将验证 Node 上是否安装了 ipvs 模块。如果未安装，则 kube-proxy 将使用 iptables 模式。

6.2.4　Kubernetes 外界与 Service 之间的网络通信

根据应用场景的不同，Kubernetes 提供了 4 种类型的 Service：

- ClusterIP：在集群内部的 IP 地址上提供服务，并且该类型的 Service 只能从集群内部访问。该类型为默认类型。
- NodePort：通过每个 Node IP 上的静态端口（NodePort）来对外提供服务，集群外部可以通过访问<NodeIP>：<NodePort>来访问对应的端口。在使用该模式时，会自动创建 ClusterIP，访问 NodePort 的请求会最终路由到 ClusterIP。
- LoadBalancer：通过使用云服务提供商的负载均衡器对集群外部提供服务。使用该模式时，会自动创建 NodePort 和 ClusterIP，集群外部的负载均衡器最终会将请求路由给 NodePort 和 ClusterIP。
- ExternalName：将服务映射到集群外部的某个资源，例如 foo.bar.example.com。使用该模式需要 1.7 版本或更高版本的 kube-dns。

6.3　Kubernetes CNI

容器网络发展到现在，形成了 Docker 的 CNM 以及由 Google、CoreOS、Kuberenetes 主导的 CNI 两大阵营。需要明确的是，CNM 和 CNI 只是容器网络的规范，并不是网络实现，它们只是容器网络的规范，从开发者的角度看，就是一堆接口，底层用 Flannel 也好，用 Calico 也罢，他们并不关心。

Kubernetes 作为容器的编排框架，在网络层面，并没有进入更底层的具体容器互通互联的网络解决方案的设计中，而是将网络功能一分为二，主要关注 Kubernetes 服务在网络中的暴露以及 Pod 自身网络的配置，至于 Pod 具体需要配置的网络参数以及 Service、Pod 之间的互通互联，则交给 CNI 来解决。这样 Kubernetes 本身不用具有太复杂的网络功能，从而能够将更多的精力放在 Kubernetes 服务和容器的管理上，最终能够对外呈现一个易于管理、可用性高的应用服务集群。

CNI 于 2015 年 4 月由 CoreOS 公司推出，优势是兼容其他容器技术及上层编排系统，如 Kubernetes 与 Mesos。CNI 的目的在于定义一个标准的接口规范，使得 Kubernetes 在增删 Pod 的时候，能够按照规范向 CNI 实例提供标准的输入并获取标准的输出,再将输出作为 Kubernetes 管理 Pod 网络的参考。在满足输入输出以及调用标准的 CNI 规范下,Kubernetes 委托 CNI 实例管理 Pod 的网络资源并为 Pod 建立互通能力。

如图 6-14 所示,CNI 本身实现了一些基本的插件,比如 Bridge、IPvlan、MACvlan、Loopback、vlan 等网络接口管理插件,还有 dhcp、host-local 等 IP 管理插件,并且主流的容器网络解决方案都有对应 CNI 的支持能力,比如 Flannel、Calico、Weave、Contiv、SR-IOV、Amazon ECS CNI Plugins 等。

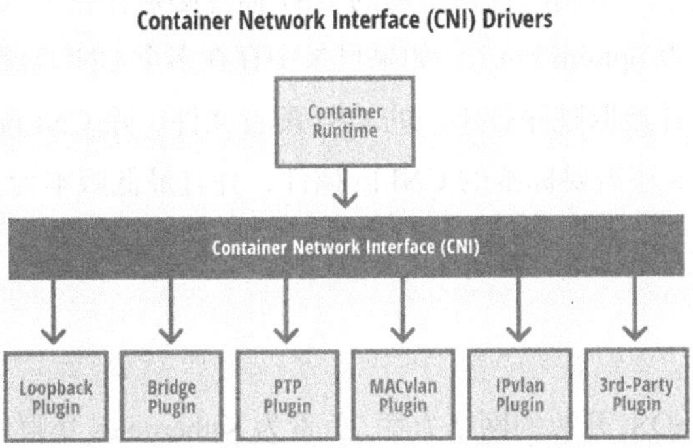

图 6-14 CNI

CNI 的接口中主要包含以下几种方法:

```
type CNI interface {
    AddNetworkList(net *NetworkConfigList, rt *RuntimeConf) (types.Result, error)
    DelNetworkList(net *NetworkConfigList, rt *RuntimeConf) error

    AddNetwork(net *NetworkConfig, rt *RuntimeConf) (types.Result, error)
    DelNetwork(net *NetworkConfig, rt *RuntimeConf) error
}
```

这四种方法分别为:添加网络、删除网络、添加网络列表和删除网络列表。每个 CNI 插件只需要实现两类方法,一类是配置网络,用于创建容器时调用,一类是清理网络,用于删除容器时调用(以及一个可选的 VERSION 查看版本操作)。所以,CNI 的实现确实非常简单,把复杂的逻辑交给具体的 Network Plugin 实现。

CNI 插件必须实现为一个可执行文件,这个文件被容器编排管理系统(例如

Kubernetes)调用。CNI 插件负责将网络接口插入容器网络命名空间(例如 veth pair 的一端),并在主机上进行任何必要的改变(例如将 veth 的另一端连接到网桥),然后将 IP 分配给接口,并通过调用适当的 IPAM(IP Address Management)插件来设置路由。

用户通过使用参数--network-plugin = cni 来运行 kubelet,从而运行对应的 CNI 插件。kubelet 会从参数--cni-conf-dir 确定的目录(默认值为/etc/cni/net.d)读取文件,并使用该文件中的 CNI 配置来设置每个 Pod 的网络。CNI 配置文件必须与 CNI 规范相匹配,并且配置中所引用的任何所需的 CNI 插件必须存在于--cni-bin-dir 参数确定的目录中(默认值为/opt/cni/bin)。如果目录中存在多个 CNI 配置文件,则按照文件名的词典顺序排序并选取顺序排第一的 CNI 配置文件。除 CNI 配置文件指定的 CNI 插件外,Kubernetes 还需要标准的 CNI lo 插件,并且最低版本为 0.2.0。

以下是一些常见的 CNI 插件。

(1)Flannel

Flannel 是 CoreOS 开源的网络方案,负责为 Kubernetes 集群中的多个 Node 间提供层 3 的 IPv4 网络。容器如何与主机联网不在 Flannel 的考虑范围,Flannel 只控制如何在主机之间传输流量。Flannel 为 Kubernetes 提供了一个 CNI 插件,并提供了与 Docker 集成的指导。

Flannel 在集群的每个主机上运行一个名为 flanneld 的小型代理,负责从一个预先配置的地址空间中向每个主机分配子网;使用 Kubernetes API 或 etcd 来存储网络配置、分配的子网和任何辅助数据(如主机的公共 IP);使用包括 VxLAN 在内的多种后端机制来转发数据包。

Flannel 的底层通信协议可以有很多选择,比如 UDP、VxLAN、AWS VPC 等,不同协议实现下的网络通信效率相差较多,默认为使用 UDP 协议,部署和管理相对简单。

- UDP 封包使用了 Flannel 自定义的一种包头协议,数据是在 Linux 的用户态进行封包和解包的,因此当数据进入主机后,需要经历两次内核态到用户态的切换。网络通信效率低且存在不可靠的因素。
- VxLAN 封包采用的是内置在 Linux 内核里的标准协议,因此虽然它的封包结构比 UDP 模式复杂，但由于所有数据封装、解包过程均在内核中完成，实际的传输速度要比 UDP 模式快许多。VxLAN 方案在做大规模应用时复杂度会提升，故障定位分析复杂。

（2）Calico

Calico 是一个基于 BGP 的纯三层的数据中心网络方案，与 OpenStack、Kubernetes、AWS、GCE 等 IaaS 和容器平台都有良好的集成。

如图 6-15 所示为 Calico 架构，Calico 在每一个计算节点基于 Linux 内核实现了一个高效的 vRouter 来负责数据转发，基于 iptables 创建了相应的路由规则，并通过这些规则来处理进出各个容器、虚拟机和主机的流量。

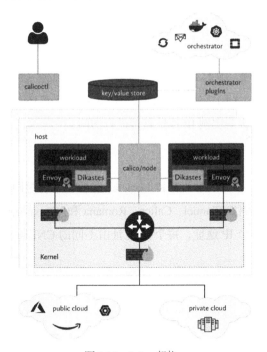

图 6-15 Calico 架构

- calicoctl：Calico 提供的命令行工具。
- orchestrator 插件：提供与 Kubernetes 等的紧密集成和同步。
- key/value store：用于存储 Calico 的策略和网络配置状态。
- calico/node：运行在每个主机上，从 key/value store 读取相关的策略和网络配置信息，并在 Linux 内核中进行实现。
- Dikastes/Envoy：可选的 Kubernetes sidecar，通过相互 TLS 身份验证保护工作负载到工作负载的通信，并实施应用层策略。

（3）Weave Net

Weave Net 能够简化用户对 Kubernetes 网络的配置。它可以作为 CNI 插件运行或独立运行。在这两种模式下，运行 Weave Net 均不需要任何额外的配置或代码。同时，两种模式都遵循了标准的"IP-per-Pod"模型。

Weave Net 会创建一个虚拟网络，该网络可以实现跨主机的 Docker 容器互联，并提供了自动发现的功能。通过部署一些子项目，Weave Net 可以实现 DNS、IPAM 及分布式虚拟防火墙等功能。

（4）Contiv

Contiv 由思科开源，兼容 CNI 模型及 CNM 模型，能够为多种不同用例提供可配置的网络（比如原生 L3 网络使用 BGP，overlay 网络使用 VxLAN）。Contiv 带来的方便是用户可以根据容器实例 IP 地址直接进行访问。

（5）CNI-Genie

如图 6-16 所示，CNI-Genie 使 Kubernetes 能够在运行时同时访问 Kubernetes 网络模型的不同实现，例如 Flannel、Calico、Romana 和 Weave-net 等。CNI-Genie 还支持为一个 Pod 分配多个 IP 地址，每个 IP 地址由不同的 CNI 插件来提供。

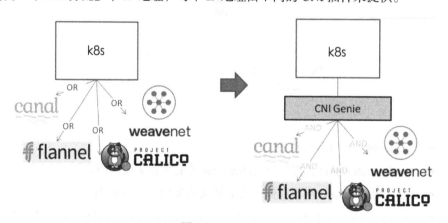

图 6-16　CNI-Genie

（6）Cilium

Cilium 是一款开源软件，它以一种不干涉运行在容器中的应用程序的方式，提供了安全的网络连接和负载均衡。Cilium 在层 3 和层 4 运行，提供传统的网络和安全服务；同时，Cilium 也在层 7 运行，以保护 HTTP、gRPC 和 Kafka 等应用协议的使用。

Cilium 架构如图 6-17 所示。Cilium 已经集成到 Kubernetes 和 Mesos 等编排框架之中。一种名为 BPF（Berkeley Packet Filter，伯克利包过滤器，于 4.9 内核开始支持）的 Linux 内核技术是 Cilium 的基础。它支持在各种集成点（如网络 I/O、应用程序套接字和跟踪点）将 BPF 字节码动态地插入 Linux 内核，以实现安全性、网络和可见性逻辑。

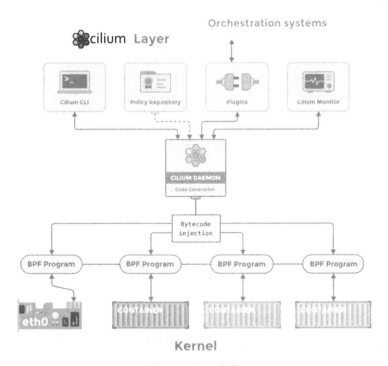

图 6-17　Cilium 架构

（7）Contrail

基于 OpenContrail 的 Contrail 是一个真正开放的多云网络虚拟化和策略管理平台。Contrail 和 OpenContrail 已经与各种编排系统集成，如 Kubernetes、OpenShift、OpenStack 和 Mesos，并为容器或 Pod、虚拟机和裸机的工作负载提供了不同的隔离模式。

（8）Multus

在生产环境下，为了保证安全和性能，不同功能的网络进行隔离是一个必要的措施，如管理网络、控制网络和数据网络的隔离。这种隔离对于物理机和虚拟机来说很容易实现。但是在 Pod 里面，如果使用 Kubernetes，则会面临一些限制，尤其是现 Kubernetes 的 Pod 默认还不支持多网卡设置。

在这种背景下，Intel 的 multus-cni 借助 CNI 在一定程度上满足了这个需求。如图 6-18 所示，Multus 可以为运行在 Kubernetes 的 Pod 提供多个网络接口，它可以将多个 CNI 插件组合在一起为 Pod 配置不同类型的网络。

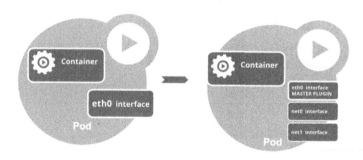

图 6-18　multus-cni

Multus 能够支持几乎所有的 CNI 插件，包括 Flannel、DHCP 和 Macvlan，以及 Calico、Weave、Cilium 和 Contiv 等第三方插件。Multus 使用 "delegates" 的概念将多个 CNI 插件组合起来，并且指定一个 master plugin 作为 Pod 的主网络并且被 Kubernetes 感知。

Multus 自己不会进行任何网络设置，而是调用其他插件（如 Flannel、Calico）来完成真正的网络配置。它重用了 Flannel 中调用代理的方式，通过将多个插件分组，再按照 CNI 配置文件的顺序来调用它们。默认的网络接口名称为 "eth0"，而 Pod 中的网络接口名称为 net0、net1、……、net$X$。Multus 也支持自动的网络接口名称。如图 6-19 所示为 Multus 网络的工作流程。

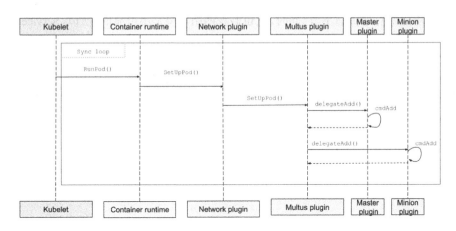

图 6-19 Multus 网络的工作流程

6.4 Service Mesh

Linkerd 公司的 CEO Willian Morgan 在文章 *WHAT'S A Service Mesh? AND WHY DO I NEED ONE?* 中解释了什么是 Service Mesh。

```
A service mesh is a dedicated infrastructure layer for handling
service-to-service communication. It's responsible for the reliable
delivery of requests through the complex topology of services that
comprise a modern, cloud native application. In practice, the service
mesh is typically implemented as an array of lightweight network proxies
that are deployed alongside application code, without the application
needing to be aware. (But there are variations to this idea, as we'll
see.)
```

Service Mesh 是致力于解决服务间通信的基础设施层。云原生应用有着复杂的服务拓扑,Service Mesh 能够保证请求可以在这些拓扑中可靠地传递。在实际应用当中,Service Mesh 通常由一组轻量级的网络代理组成,它们与应用程序部署在一起,但应用程序并不需要知道它们的存在。

Service Mesh 的提出与云原生应用程序的大规模普及有关。在云原生模型中,单个应用程序可能包含数百个服务,每个服务又可能包含数千个实例,而且这些实例中的每一个都可能处于不断变化的状态,因为它们是由像 Kubernetes 这样的服务编排程序动态调度的。服务之间的通信不仅极其复杂,而且是运行时环境中一个基本的组成部分,管理好它对于确保端到端的性能和可靠性是至关重要的。

Service Mesh 可以理解为处于 TCP/IP 之上的一个抽象层,它假设底层的 L3/L4

网络能够点对点地传输字节。同时，它也假设网络环境是不可靠的，所以 Service Mesh 必须具备处理网络故障的能力。

通常将 Service Mesh 比作是应用程序或者说微服务间的 TCP/IP，负责服务之间的网络调用、限流、熔断和监控。对于开发者来说，编写应用程序时一般无须关心 TCP/IP 这一层，同样，使用 Service Mesh 也无须关心服务之间那些通过应用程序或者其他框架实现的事情，比如 Spring Cloud、OSS，而是只要交给 Service Mesh 就可以了。应用程序或者服务有一个目标——"从 A 到 B 发送一些数据"，而 Service Mesh 的职责和 TCP/IP 一样，就是在这个数据的发送过程中解决故障并圆满完成数据发送。

在云原生应用中，进行请求的可靠传递可能非常复杂。类似 Linkerd 这样的 Service Mesh，能够通过一系列针对性的技术来应对这种复杂性，比如链路熔断、延迟感知、负载均衡、服务发现等。

我们可以通过追溯一下 Web 等应用这些年的发展历程，来了解 Service Mesh 的起源。很早以前，Web 应用还是典型的三层架构：应用程序、Web 服务、存储。层与层之间的通信虽然复杂，但是仍然限定在一定范围内。

随着应用程序的内部逻辑越来越复杂，比如 Google、Netflix 和 Twitter 这样的公司无时无刻都面临着巨大的流量需求，应用层被分解成许多服务（有时称为微服务），原有的三层架构开始崩溃，Twitter 的 Finagle、Netflix 的 Hystrix 以及 Google 的 Stubby 这些代码库开始作为广义的通信层而存在。Finagle、Stubby 和 Hystrix 这些代码库其实就是 Service Mesh 的雏形，它们是用于服务与服务之间通信的专用基础设施。

到了云原生应用时期，容器与 Kubernetes 这样的编排管理系统为应用提供了在一定负载下可弹性伸缩的能力，但是面对大量的服务实例，和随时在重新安排实例的编排系统，单个请求经由服务拓扑的路径可能非常复杂，而且容器使每个服务基于不同的语言进行编写处理变得更容易，前面代码库的方式也就显得不再可行了。

这就激发了对服务与服务之间通信的专用基础设施层的需求，这个专用的基础设施层与应用程序代码分离出来，被称为 Service Mesh。

Phil Calçado 在他的博客 "Pattern: Service Mesh" 中详细解释了 Service Mesh 的来龙去脉：

- 最原始的主机之间使用网线直接相连。
- 网络协议栈（Networking Stack）的出现。
- 集成到应用程序内部的流控（Flow Control）。
- 流控从应用程序内部剥离（集成在 Networking Stack 中）。
- 应用程序内部集成服务发现（Service Discovery）和断路器（Circuit Breaker，熔断机制）。
- 出现了专门用于服务发现和断路器的软件库，比如 Twitter 的 Finagle 和 Facebook 的 Proxygen，这时候还是集成在应用程序内部。
- 出现了专门用于服务发现和断路器的开源软件，比如 NetflixOSS ecosystem。
- 最后出现作为微服务的中间层 Service Mesh，如图 6-20 所示。

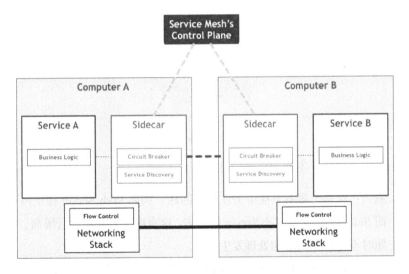

图 6-20　Service Mesh

Service Mesh 作为 Sidecar 运行，对应用程序来说是透明的，所有的应用程序间的流量都会通过它，所以对应用程序流量的控制都可以在 Service Mesh 中实现。

6.4.1　Sidecar 模式

在软件工程领域,已经发展出众多的设计模式用于解决实际应用设计中的一些复杂问题。针对复杂的分布式的云原生应用环境，结合 Kubernetes 集群的微服务模型，Kubernetes 社区推出了一系列的容器设计模式，主要有：单容器管理模式，单节点多容器模式多节点多容器模式。

单容器管理模式并不能突出 Kubernetes 的特色和强大，从单节点多容器模式开始，才真正体现了 Kubernetes 的设计特点，也就是基于多容器微服务模型的分布式应用模型。Sidecar 模式就是单节点多容器模式的一种，主要利用了同一个 Pod 中的容器可以共享存储空间的能力。

一个典型的 Sidecar 应用场景如图 6-21 所示。一个工具容器读文件，应用容器写文件。例如，一个基于 Nginx 的 Web 应用向文件系统写日志，而一个收集日志的容器从共享目录读日志，并输出到集群的日志系统。

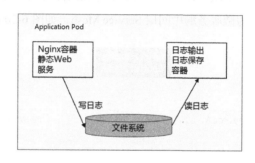

图 6-21　典型的 Sidecar 应用场景

为什么 Web Server 不处理自身的日志？

- 隔离：让每个容器都能够关注核心问题。例如 Web Server 提供网页服务，而 Sidecar 则处理 Web Server 的日志，这有助于对问题进行隔离，在解决问题时不与其他问题的处理发生冲突。
- 单一责任原则：每个容器都应该是能够处理好一件事情的，而根据这一原则，应该让不同的容器分别开展工作。
- 可重用性：使用 Sidecar 容器处理日志，这个工具容器可以在应用的其他地方重用，而且不需要在每次更新应用容器进行打包的时候，把工具容器的执行文件打包进去。

总结来说，Sidecar 模式将应用程序的组件部署到单独的进程或容器中，以提供隔离和封装。Sidecar 与父应用程序具有相同的生命周期：与父应用程序一起创建，一起停用。Sidecar 模式有时也称为搭档模式。

6.4.2 开源 Service Mesh 方案

目前 Service Mesh 的开源解决方案主要有：Buoyant 公司推出的 Linkerd，Google、IBM 和 Lyft 等公司牵头的 Istio。Linkerd 更加成熟稳定些；Istio 功能更加丰富、设计上更为强大，社区相对也更加强大一些。

1．Istio

Istio 是由 Google、IBM 和 Lyft 公司开源的微服务管理、保护和监控框架。Kubernetes 是目前 Istio 支持的唯一容器编排框架。使用 Istio 可以很简单地创建具有负载均衡、服务间认证、监控等功能的服务网络，同时不需要对服务的代码进行任何修改。Istio 会在 Kubernetes 的 Pod 里注入一个特别的 Sidecar Proxy 来截获微服务之间的网络流量，以增加对 Istio 的支持。

Istio 架构如图 6-22 所示：

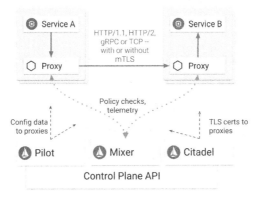

图 6-22　Istio 架构

Istio Service Mesh 在逻辑上被分为数据面和控制面：

- 数据面由一组部署为 Sidecar 的智能代理（Envoy）组成。这些代理调解和控制微服务之间的所有网络通信以及 Mixer。
- 控制面管理和配置代理来路由流量。此外，控制面通过配置 Mixer 来实施策略并进行遥测。

（1）Envoy

Envoy 是一个用 C ++开发的高性能代理，可用于调解 Service Mesh 中所有服务的入站和出站流量。Istio 使用了 Envoy 代理的一个扩展版本，利用了 Envoy 的许多内置功能，例如动态服务发现、负载均衡、TLS 终止、HTTP/2 和 gRPC 代理、断路器、健康检查、基于百分比的流量分割和故障注入。

作为相关服务的 Sidecar，Envoy 被部署在 Kubernetes Pod 中。这种部署方式使得 Istio 可以抽取大量的有关流量行为的属性，进而可以在 Mixer 中利用这些属性来进行策略决策，同时将它们发送到监视系统以提供有关整个 Service Mesh 的信息。Sidecar 代理模型还允许用户将 Istio 功能添加到已有系统的部署中，但无须修改架构或重写代码。

（2）Mixer

Mixer 是一个与平台无关的组件，用于从 Envoy 代理和其他服务处收集遥测数据。Envoy 代理会提取请求的属性，再将它们发送到 Mixer 进行评估。Mixer 包括一个灵活的插件模型，通过这个模型 Istio 能够与各种主机环境和基础架构后端进行交互。

（3）Pilot

Pilot 将控制流量行为的高级路由规则转换为 Envoy 的配置，并在运行时将它们推送给各个 Sidecar。Pilot 抽象出了一些与平台相关的服务发现机制，将它们合成一种标准格式，任何遵循 Envoy Data Plane API 的 Sidecar 都可以使用这个标准格式。这种松耦合的方式使得 Istio 可以在 Kubernetes、Consul 和 Nomad 多个环境上运行，同时为流量管理提供了统一的操作界面。

（4）Citadel

Citadel 通过内置的身份和凭证管理，为各个服务和终端用户提供了强大的的认证功能。用户可以使用 Citadel 升级 Service Mesh 中的未加密流量。通过使用 Citadel，运维人员可以根据服务标识而不是网络控制来实施策略。

（5）Galley

Galley 代表其他 Istio 控制面组件验证用户编写的 Istio API 配置。将来，Galley 将作为 Istio 的配置提取、处理和分发的组件，负责将其余的 Istio 组件与如何从 Kubernetes 等底层平台获取用户配置的细节隔离开来。

2. Linkerd

Linkerd 是一个被设计用作 Service Mesh 的开源网络代理，专门用于管理、控制和监控应用程序内部的服务之间通信。

如图 6-23 所示，类似负载均衡（Load Balancing）、熔断保护（Circuit Breaking）、健康机制等原本直接内嵌在每个服务中的功能都被剥离出来，交由 Linkerd 服务来代理，而原本的服务（Service A 和 Service B）不再需要关心这些，只需要基于 Linkerd 启动，就拥有这些特性。

Linkerd 在端口 9990 提供一个控制管理面板，用于监控服务行为，包括服务请求量、成功率、连接信息、所配路由的延迟指标等。所有信息实时更新，可以很清楚地知道服务的健康情况。

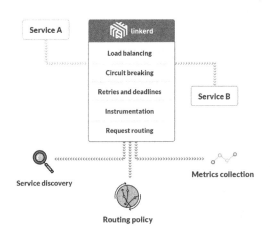

图 6-23　Linkerd

Linkerd 的主要特性有：

- Load balancing：负载均衡，使用实时性能指标来分配负载并减少整个应用程序的尾部延迟。
- Circuit breaking：熔断保护，将停止发送流量给被认为不健康的实例，从而使它们有机会恢复并避免联锁反应故障。
- Service discovery：Linkerd 可以与各种服务发现后端集成，通过删除特定的服务发现，帮助降低代码的复杂性。

- Request routing：动态请求路由，允许使用最少量的配置来设置分段服务（Staging service）、金丝雀（Canaries）、蓝绿部署（blue-green deploy）、跨 DC 故障切换和黑暗流量（Dark traffic）。
- Retries and deadlines：在发生某些故障时自动重试请求，并且可以在指定的时间段后让请求超时。
- TLS：使用 TLS 发送和接收请求，可以用来加密跨主机边界的通信，而不用修改现有的应用程序代码。
- HTTP Proxy Integration：可以作为 HTTP 代理，几乎所有的现代 HTTP 客户端都广泛支持，使其易于集成到现有的应用程序中。
- gRPC：支持 HTTP/2 和 TLS，允许路由 gRPC 请求，支持高级 RPC 机制，比如双向流、流程控制和结构化数据负载。
- Distributed tracing：分布式跟踪和度量，可以提供跨越所有服务的统一的可观察性。
- Instrumentation：以人类可读和机器可解析的格式，提供了通信延迟和有效载荷大小的详细直方图以及成功率和负载均衡统计信息。

作为 Service Mesh 的不同实现，Linkerd 与 Istio 的工作流程类似：

- Linkerd 将服务请求路由到目的地址，根据其中的参数判断是到生产环境、测试环境还是 staging 环境中（服务可能同时部署在这三个环境中），是路由到本地环境还是公有云环境，所有的这些路由信息可以动态配置，可以是全局配置也可以为某些服务单独配置。
- 当 Linkerd 确认了目的地址后，将流量发送到相应的服务发现端点，在 Kubernetes 中是 Service，然后 Service 会将流量转发给后端的实例。
- Linkerd 根据它观测到的最近请求的延迟时间，选择所有应用程序实例中响应最快的实例。
- Linkerd 将请求发送给该实例，同时记录响应类型和延迟数据。
- 如果该实例宕机、不响应了或进程不工作了，Linkerd 将把请求发送到其他实例上重试。
- 如果该实例持续返回错误，Linkerd 会将该实例从负载均衡池中移除，稍后再周期性地重试。
- 如果请求的截止时间已过，Linkerd 主动将该请求定义为失败，而不再进行尝试添加负载。

- Linkerd 以 Metric 和分布式追踪的形式捕获上述行为的各个方面，这些追踪信息将发送到集中的 Metric 系统。

6.5 OpenStack 容器网络项目 Kuryr

OpenStack 的 Kuryr 项目目的是实现容器和虚拟机之间的通信。Kuryr 的中文意思就是信使。从这个名字以及项目 Logo 能看出来，Kuryr 自身不生产信息，只是网络世界的搬运工。

6.5.1 Kuryr 起源

在 OpenStack 如日中天的时候，华为在以色列招聘了几个专家，这几位专家来了先后在 OpenStack 社区创建了几个项目：Karbor、Dragonflow、Kuryr、Fuxi 等。当时 Docker 正处于起步阶段，因而并没有多少人会关注容器和虚拟机之间的联系，所以这些项目在当时并没有得到多少重视，也没有足够的力量投入。但是现在看来，这些项目在当时也算是"高瞻远瞩"。

在 Kuryr 创建的时候，Kubernetes 还处于婴幼儿期，所以当时 Kuryr 主要面向的是 Docker 网络，目的是提供 Docker 与 Neutron 的连接，将 Neutron 的网络服务带给 Docker。随着容器出现了 CNM 与 CNI 两大阵营，Kuryr 相应地也出现了两个分支，一个是 kuryr-libnetwork（CNM），另一个是 kuryr-k8s（CNI）。目前针对 Kubernetes 的 kuryr-kubernetes 项目更加活跃。

截至目前，Kuryr 项目的开发者主要来自 RedHat，RedHat 在 OpenShift 中提供了 kuryr-k8s 与 OpenStack 的集成。

6.5.2 Kuryr 架构

Kuryr 给人的第一印象可能又是一个在 Neutron 框架下的项目，通过 Neutron 统一的北向接口来控制容器网络。但实际上，Kuryr 是将 Neutron 作为南向接口的，来与容器网络对接。Kuryr 的北向是容器网络接口的，南向是 Neutron。

这里以 kuryr-libnetwork 为例看看 Kuryr 是如何工作的。kuryr-libnetwork 是运行

在 Libnetwork 框架下的一个插件。Libnetwork 使用 local 或者 remote driver 向容器提供网络服务，而 kuryr-libnetwork 就是 Libnetwork 的一个 remote driver 实现，目前已经成为 Docker 官方推荐的一个 remote driver。

Libnetwork 的 driver 与 Docker 的其他 plugin 共用一套 plugin 管理框架。也就是说，Libnetwork 的 remote driver 与 Docker Engine 中的其他 plugin 使用同样的协议。有关 Libnetwork remote driver 需要实现的接口在 Libnetwork 的 github 上都有详细的描述。kuryr-libnetwork 需要做的就是实现这些接口。

Kuryr 是如何作为 remote driver 注册到 Libnetwork 中呢？这要依赖于 Docker 的 plugin discovery 机制。当用户或者容器需要使用 Docker 的插件的时候，只需要指定插件的名字。Docker 会在相应的目录中查找与插件名字相同的文件，文件中定义了如何连接该插件。

如果用 devstack 安装 kuryr-libnetwork，devstack 的脚本会在 /usr/lib/docker/plugins/kuryr 创建一个文件夹，里面的文件内容也很简单，默认是 "http://127.0.0.1:23750"。也就是说，kuryr-libnetwork 实际上就起了 Http Server 的作用，这个 Http Server 提供了 Libnetwork 所需的所有接口。Docker 找到有这样的文件之后，就通过文件的内容与 Kuryr 进行通信。

至于 Neutron，由于同是 OpenStack 阵营下的项目，所以 Kuryr 用 Neutronclient 与 Neutron 连接。因此，总体来看，Kuryr 的工作方式如图 6-24 所示，由于 Kuryr 与下面实际的 L2 实现中间还隔了 Neutron，所以 Kuryr 不是太依赖 L2 的实现。

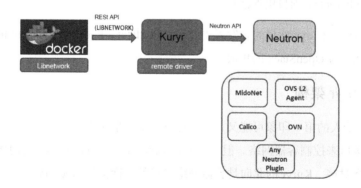

图 6-24　Kuryr 的工作方式

接下来看 Kuryr-libnetwork 如何在 Neutron 和 Docker 中间做一个"信使"。由于北向是 Libnetwork，南向是 Neutron，所以可以想象，kuryr-libnetwork 做的事情就是接收 Libnetwork 的资源模型，转化成 Neutron 的资源模型。

先来看 Libnetwork 的资源模型，也就是前面说过的容器网络两大阵营之一的 CNM。如前所述 CNM 由三个数据模型组成。Sandbox 定义了容器的网络配置；Endpoint 相当于容器用来接入网络的网卡，存在于 Sandbox 中，一个 Sandbox 中可以有多个 Endpoint；Network 相当于一个 Switch，Endpoint 接入 Network。不同的 Network 之间是隔离的。

对应 Neutron，Endpoint 是 Neutron 中的 Port，而 Network 是 Neutron 中的 Subnet。除此之外，Kuryr 还依赖 Neutron 中的另一个特性 Subnet Pool。Subnet Pool 是 Neutron 里面的一个纯逻辑概念，它能够保证所有在 Subnet Pool 中的 Subnet IP 地址段不重合。Kuryr 借助这个特性保证了由其提供的 Docker Network 的 IP 地址是唯一的。Kuryr 将 Libnetwork 发来的请求转换成相应的 Neutron 的请求，再发送给 Neutron。

但是实际网络的连通无法通过 Neutron 的 API 来告诉 Neutron 应该怎么做，Neutron 不知道容器的网络怎么接出来，也不提供这样的 API。这部分需要 Kuryr 自己来完成，这也就是 Kuryr 的魔法所在。如图 6-25 显示了 Kuryr 如何映射 Libnetwork CNM 到 Neutron API。

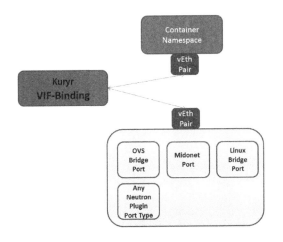

图 6-25　Kuryr 映射 Libnetwork 到 Neutron API

当 Docker 创建一个容器，并且需要创建 Endpoint 的时候，请求发送到了

Libnetwork 的 remote driver——Kuryr 上。Kuryr 接到这个请求首先会创建 Neutron port，之后会根据配置文件的内容调用相应的 driver，比如 vEth 用来连接主机容器网络，或者 nested 用来连接虚拟机内的容器网络。driver 首先会创建一个 vEth pair 对，两个网卡，其中一块是 Container interface，用来接在容器的 Network Namespace，另一块是 Host interface，用于接入到 Neutron 的 L2 拓扑中。Host interface 的处理方式是专门为 Neutron 定制的。

Kuryr 如何支持 Bridge、Midonet、OVS 等不同的 L2 底层？注意看 Neutron 的 port 信息，可以发现有一个属性"binding:vif_type"，这个属性表示了该 port 处于什么样的 L2 底层。Kuryr 针对不同的 L2 实现了一些 shell 脚本，用来将指定的网卡接入到 Neutron 的 L2 拓扑中，这些脚本位于/usr/libexec/kuryr 目录，它们与 binding:vif_type 的值一一对应。所以，Kuryr 要做的就是读取 Neutron port 信息，找到对应的 shell 脚本，通过调用 shell，将 vEth pair 中的 Host interface 接入到 Neutron 的 L2 拓扑中。接入之后，容器实际上与虚拟机处于一个 L2 网络，自然能与虚拟机通信。另一方面，也可以使用 Neutron 提供的各种服务，例如 Security group、QoS 等。

第 7 章 网络编排与集成

编排器作为未来网络管理的"大脑",已成为业界研究和推动的热点。

7.1 ETSI NFV MANO

NFV 体系引入了全新的 MANO(Management and Orchestration,管理和编排)系统,编排器(Orchestrator)作为其中的核心部件,是网络灵活调整和资源动态调度的关键。

7.1.1 ETSI 标准化进展

ETSI 主导了包括编排器在内的 NFV 相关标准化工作。ETSI NFV ISG 于 2013 年 1 月正式成立,并于 2013 年年底发布了 NFV 架构框架,作为后续研究基础。

2014 年底,NFV ISG 正式发布了 R1 系列规范,完成了 NFV 及 MANO 架构定义、接口定义和模型定义。同时,开始 R2 工作。

R2 阶段,NFV ISG 的工作被划分到了 IFA(Interface and Architecture)、EVE、REL、SEC、TST 组中,IFA 工作组主要负责 MANO 相关接口和模型的具体定义。其中,IFA010 定义了 MANO 各接口的总体需求,IFA005、IFA006、IFA007、IFA008、IFA013 分别定义了 MANO 各接口信息模型,IFA011、IFA014 分别定义了 VNF 分组和 NSD,IFA001~IFA004 定义了硬件加速相关内容。

R2 系列规范于 2016 年 9 月完成发布，R2 规范定义了 MANO 各接口和模板的信息模型，但尚未对接口协议和实现级别的数据模型进行定义，无法指导具体接口实现和不同厂商设备互通。

2016 年，ETSI 陆续开展了 R3 相关工作，R3 工作分为两部分：第一部分是在原工作组发布的规范基础上做更进一步的数据模型，这部分工作主要在 2016 年 5 月成立的 SOL（Solution）工作组进行，其中 VNF 分组、VNFD/NSD 相关工作借鉴了 OASIS TOSCA 模板内容，SOL 工作组于 2017 年 8 月发布了可落地的互操作 RESTful 协议接口和 TOSCA 模型的部分关键成果，成为解决多厂商互操作问题的关键里程碑；第二部分是面向未来的 NFV 新功能系列研究报告，这些工作主要在 IFA 和 EVE 工作组进行，包括 NFV 支持网络切片、MANO 自身管理、策略管理、NFVO 架构分离、计费和账单、多 VIM 管理、多域管理等，将探索 NFV 未来的功能扩展和发展方向。

作为传统的标准化组织，ETSI 采用了标准制定中常用的分阶段方式，从概念和需求出发完成了 R1 规范的定义，而后继续进行 R2 的信息模型定义，为业界描述了清晰的系统架构和功能需求，引领了 NFV 其他相关组织的工作，并成为开源项目和厂商设备实现的基础。需要注意的是，ETSI NFV 架构中的内容并不都是全新创造的技术领域，尤其在 NFVI 云平台和编排器方面都面临业界已有的成熟产品和开源项目的挑战。

NFVI 云平台的相关技术实质是虚拟化和云计算，这在 IT 领域已有超过 10 年的实践并诞生了诸如 AWS、VMware、OpenStack 等成功的产品和开源项目。早在 ETSI R2 规范完成之前，OpenStack 就已经具备了基本满足 ETSI VIM 的能力，并成为业界多数供应商 VIM 产品的实现基础，OpenStack API 也大有取代 ETSI IFA005、IFA006 的定义而成为 VIM 北向接口事实标准的趋势，这也迫使 ETSI 成立特别工作组（STF）对 ETSI 标准和 OpenStack 进行分析，用以确定 VIM 北向接口 R3 规范的制定思路。

另一个例子是 ETSI 标准中 NSD、VNFD 的定义，NS 和 VNF 作为 NFV 最重要的管理对象，其表述模板的定义将对整个生命周期管理、NFVO/VNFM 的设计以及对外暴露的 API 产生重要影响。在这方面，在 IT 领域用于资源架构描述的 OASIS 社区 TOSCA 模板在 2015 年针对 NFV 需求进行了 NSD 和 VNFD 定义，这部分工作早于 ETSI R3 的相关工作。目前，ETSI 已与 OASIS 展开密切合作，SOL 工作组与 VNF 分组和 NSD/VNFD 相关的项目将采用与 OASIS TOSCA 一致的定义。

7.1.2　OASIS TOSCA

TOSCA（Topology and Orchestration Specification for Cloud Applications）是由 OASIS 制定的云应用拓扑编排规范，是一个用于编排 NFV 服务和应用的数据模型标准。由于 TOSCA 的优势是服务的编排，它能够被集成在包括 ETSI MANO 在内的 NFV 编排技术或工具。

TOSCA 可以看作建模语言（Modeling language）的一种，基本概念只有两个：节点（Node）和关系（Relationship）。节点有许多种类型，可以是一台服务器，一个网络，一个计算节点等。关系描述了节点之间是如何一起工作的。例如，一个 Node.js 应用（节点）部署在（关系）名为 Host 的主机（节点）上。节点和关系都可以通过程序来扩展和实现，TOSCA 使用模板来自动化关系的配置。

TOSCA 能被用来描述 NS 或者 VNF 的拓扑，如图 7-1 所示为 TOSCA 与 ETSI NFV 之间的映射关系。

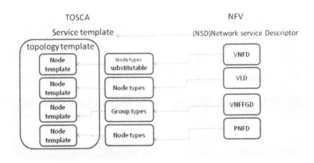

图 7-1　TOSCA 与 ETSI NFV 之间的映射关系

TOSCA 通常与 NFV MANO 一起使用，在一个 TOSCA NFV 环境里，TOSCA 与 NFV MANO 一起对云基础设施和资源进行编排。目前，包括 Open-O、OPNFV 等在内的开源项目已经集成了 TOSCA 的实现。

7.1.3 开源编排器

在 ETSI 主导 NFV 相关标准化工作的同时,有 Open-O、ECOMP、OSM(Open Source MANO)、Tacker(OpenStack)、Open Baton、Clodify 等多个开源组织或项目在编排器领域进行开源实现。

1. OpenStack Tacker

OpenStack Tacker 源自 Neutron,被剥离出来成了 Tacker 项目,于 2015 年温哥华 OpenStack 峰会上问世,最初由包括惠普在内的几家公司推动。

Tacker 基于 ETSI MANO 架构,目标是构建一个通用 VNF 管理器(VNFM)和一个 NFV 编排器(NFVO),以在 NFV 平台上部署和运行虚拟网络功能(VNF)。Tacker 的 VNFM 组件可以管理 VNF 的基本生命周期,包括停止/启动、监视、配置和 VNF 的自动修复。而 NFVO 组件可以执行端到端网络服务部署、VNF 布局控制、VNF 的服务功能链接,通过 VIM 管理资源分配以及跨多个 VIM 协调 VNF。

2. OSM

OSM 于 2016 年 4 月正式成立,基于 ETSI NFV ISG 相关规范进行实现。OSM 是 ETSI 领导下的由运营商驱动的开源 MANO 项目,旨在共同创建并提供与 ETSI NFV 密切配合的 MANO 堆栈,OSM 的愿景是提供满足商业 NFV 网络需求的生产环境的开源 MANO 堆栈。

如图 7-2 所示,OSM 将一些已经存在一段时间的组件聚集到一起,典型的是 Telefonica 的 OpenMANO 项目,Rift.io riftware 软件和 Canonical Juju charms 软件。

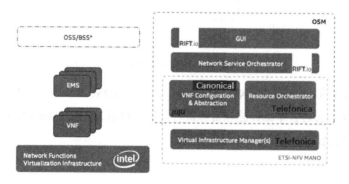

图 7-2 OSM 架构

OSM 利用 OpenMANO 实现资源编排，利用 Juju 实现 VNF 配置和管理，此外还引入了一个 Rift.io Riftware 服务编排组件。考虑到这些项目的重用，OSM 得到如 Telefonica、英国电信、奥地利电信、韩国电信和 Telenor 电信公司，以及英特尔、Mirantis、RIFT.io、博科、戴尔、RADware 等设备商的支持。

3. Open Baton

Open Baton 在管理和网络编排（MANO）上研究的时间比其他开源 MANO 组织出现的时间都要早。Open Baton 由两个来自德国的研究机构 Fraunhofer Fokus 研究所和柏林技术大学领导，于 2015 年成立，专注于 MANO 代码的开发，而不是建立社区和关注市场本身。

与其他 MANO 组织不同的是，Open Baton 由一些科研组织建立，并不是由运营商或厂商参与的，而且与其他的 MANO 组织并没有太多的交流。

如图 7-3 所示，Open Baton 的 MANO 架构围绕消息队列，能够自由实现编排器逻辑和其他组件解耦。

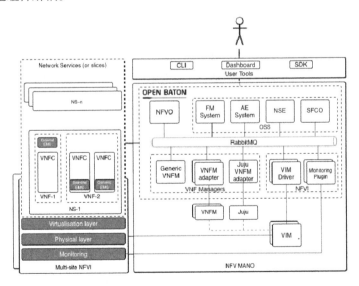

图 7-3　Open Baton

4. OpenMANO

OpenMANO 是 Telefónica 推出的开源项目，提供了目前在 ETSI NFV ISG 标准下

的管理和编排参考架构的实现。

OpenMANO 是 NFVO 的参考实现。它通过提供基于 REST（OpenMANO API）的北向接口，提供的 NFV 服务包括 VNF 模板、VNF 实例、网络服务模板和网络服务实例的创建和删除。

目前为止，OpenMANO 仍是一个非常基本的实现，并不适合商业部署。

5. Open-O

SDN/NFV 是下一代网络的演进方向，为了迎接这场变革，2016 年年初，由中国移动、华为、Linux 基金会等联合发起业内首个 NFV/SDN 融合的编排器 OPEN-Orchestrator（OPEN-O）项目，得到业界的广泛响应。2016 年 6 月，OPEN-O 项目在 Linux 基金会里正式成立，现在已经有十几个成员公司，包括华为、中兴、爱立信、红帽、Canonical、Cloudbase、Gigaspace、中国电信和中国移动等。

Open-O 致力于打造电信级开源编排器平台，其最大的特点是在设计之初就将 NFV 和 SDN 放在了同等地位之上，通过全局编排器实现 NFV/SDN 协同的端到端业务编排和资源综合调度。

如图 7-4 所示，Open-O 主要由 GS-O、NFV-O、SDN-O、通用服务等模块构成，各模块间采用了充分解耦的设计思路，可作为单独的服务，GS-O、NFV-O 和 SDN-O 对外均支持通过驱动方式接入外部系统，最大化地实现了系统的开放性。

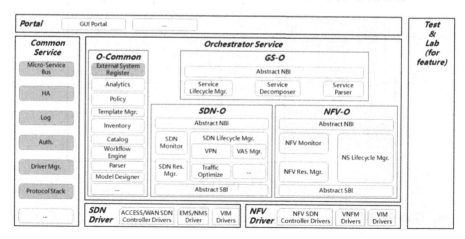

图 7-4　Open-O 架构

SDN-O 提供跨 SDN 和传统网络的服务编排，支持包括设计、开通和维护在内的全生命周期管理能力，支持 underlay 网络（L3 VPN 和 L2 VPN）和 overlay 网络（VxLAN、IPSec、VPC、业务链）场景的业务开通。

NFV-O 基于 ETSI 的架构和信息模型，包含网络服务生命周期管理、NFV 资源管理和 NFV 监控服务。北向提供 RESTful 接口至 GS-O，南向通过驱动方式与 VNFM、SDN 控制器和 VIM 互通。同时，NFV-O 提供基础的告警监控和性能统计功能。

GS-O 由全局服务生命周期管理、服务分解、服务分析和北向接口构成，通过全局服务模板定义端到端服务，并将其分解为 NFV 服务和 SDN 服务，交给 NFV-O 和 SDN-O 分别执行和处理。北向接口提供至 BSS/OSS 并接收其业务需求。

通用服务模块提供 Open-O 各组件运行需要的通用能力，即将多个模块都涉及的业务功能抽取出来统一实现后提供给其他模块共用，包括微服务总线、高可用性、驱动管理器、日志管理、认证管理、外部系统注册和协议栈支持。

6. ECOMP

AT&T 于 2013 年 12 月发布了 Domain2.0 白皮书，并希望通过该计划打造下一代网络并实现公司的文化变迁，即将公司转型成软件公司。而作为 AIC（AT&T Integrated Cloud）支柱之一的 ECOMP（Enhanced Control，Orchestration，Management & Policy，增强控制、编排、管理和策略），将成为其公司转型并于 2020 年实现 75%的网络虚拟化目标的关键。

ECOMP 是一个比编排器更大的体系，涵盖了 OSS 的大部分功能，希望实现自动化运行和编排。ECOMP 起初并非开源项目，2016 年 3 月，AT&T 发布了 ECOMP 架构白皮书，业界才对其内部实现有了一定了解。在业界环境的影响下，2016 年 7 月，AT&T 决定将 ECOMP 开源，并于 2017 年 2 月 1 日正式宣布开源，与 Open-O 一样隶属于 Linux 基金会旗下。

7. ONAP

2017 年 2 月 23 日，Linux 基金会宣布 ONAP 正式成立，该项目由开源编排器领域最重要的两个项目——ECOMP 和 Open-O 合并而成，汇聚了业界最具影响力的运营商和设备商，包括 Intel、中国移动、AT&T、华为、爱立信等。

ECOMP 和 Open-O 均是面向 SDN/NFV 技术的网络编排器,其中,Open-O 由中国运营商和设备商主导发起,同时吸引了国际领先的 CT 和 IT 厂商参与,ECOMP 由 AT&T 联合厂商自主开发,起步较早且已经部分商用部署。两者在需求方面具有极强的互补性,在定位和技术架构上也存在合并的可能性,ECOMP 于 2017 年 2 月在 Linux 基金会正式开源,也为其与 Open-O 的合并创造了基础。

新的合并社区 ONAP 项目采用了中立的名字,基于两个项目的已有成果采用融合的开放技术架构和公平的管理架构,避免了少数成员垄断话语权,为后续进行技术融合与协同创新奠定了基础。事实上,由于 ONAP 囊括了全球主要的运营商和众多的厂商,涵盖了全球超过 50%的用户,自该项目诞生以来就一直为业界看好,但由于 AT&T 在 ECOMP 平台上有着超过 800 万行代码,且 Open-O 项目也有着数百万行的代码,项目的合并是一个旷日持久的过程。

7.2 ONAP

如前所述,ONAP 的前身是 AT&T 主导的 ECOMP 项目和中国移动主导的 Open-O 项目,于 2017 年 2 月合并成立新的 ONAP 并置于 Linux 基金会的管理之下。

ONAP 囊括了全球主要的运营商和众多的厂商,主要运营商成员包括 AT&T、中国电信、中国移动、中国联通、Orange 等,厂商成员包括 Juniper、思科、Cloudbase Solutions、爱立信、GigaSpaces、华为、IBM、英特尔、Metaswitch、微软、H3C Technologies、诺基亚、Raisecom、Reliance Jio、Tech Mahindra、VMware、Wind River 和中兴等。

ONAP 的第一个版本阿姆斯特丹于 2017 年 11 月发布,整个 ONAP 的阿姆斯特丹版本有大约 600 万行的代码,包括了最初的 AT&T 的 300 万代码与 OPEN-O 的 100 万行代码,并且大概有超过 300 名来自全球的开发者,一起贡献阿姆斯特丹版本的代码。

每一个 ONAP 的版本都将会用世界的一个著名城市来命名,取阿姆斯特丹的首字母 A,代表 ONAP 第一个版本,ONAP 的第二个版本北京于 2018 年 6 月发布。

在 ONAP 出现之前,大型网络服务商常常为大量部署新服务(例如配置新数据中心或更新现有客户设备)而产生的人力成本困扰,许多供应商都期望依靠 SDN 和 NFV 来提升服务速率,简化设备互通及集成操作并由此降低整体在 CapEx(Capital

Expenditure，资本性支出）及 OpEx（Operating Expense，运营成本）上的支出。

ONAP 通过为物理元件及虚拟网络元件提供全局及大规模的编排能力来解决上述问题。同时，通过提供一系列开放互通的北向 REST 接口，支持 YANG 及 TOSCA 数据模型，ONAP 也增强了服务的灵活度。其模块化和层级的结构使得服务的互通性更强，同时也简化了集成所需的操作。由此，ONAP 能够支持多 VNF 的环境，并能与多种设备进行集成，包括 VIMs、VNFMs、SDN 控制器，甚至老旧的设备也能与之集成。

ONAP 采用了加固的 VNF 需求发布器，使得发展商业化（符合 ONAP 要求的）VNF 成为可能。这一举措同时也使得网络及云服务供应商能够依据支出和服务性能对物理和虚拟网络原件进行进一步优化。ONAP 采用的标准化模型减少了异构集成及部署所需的支出，同时也降低了分隔度。

ONAP 平台使得终端用户或组织与其网络和云服务供应商携手合作，通过一系列动态的闭环操作来实例化网络元件，并对可操作事件提供实时应答。为了能够实现对这些多元件服务的设计、处理、策划，ONAP 平台必须拥有以下三大部件：

- 拥有一个健壮的设计框架，为各个方面提供规范要求。它能够规范服务所需的资源及其关系，通过设定规则引导服务，指明针对弹性服务管理所需的应用、分析及闭环操作。
- 拥有一个以策略或方法为驱动的编排控制框架。在获取需求后，自动实例化相应服务，并对服务需求进行弹性管理。
- 拥有一个分析框架。在服务的生命周期中，它能够对服务现状进行实时监控。依据特定的设计、分析及策略，该框架能够为控制提供应答，还能依据不同的需要处理不同的场景。

同时，ONAP 通过从信息模型、核心编排平台及通用管理工具中解耦出特定的服务及技术，同时，利用 Kubernetes 等原生云技术来管理及部署整个平台，这与传统的 OSS/Management 软件平台架构完全不同。

众多机构均参与到 ONAP 平台的建设中，通过 ONAP 社区互相协作，依据不同的客户需求，ONAP 现已升级出众多新功能以加强其在不同用例中的可操作性和易用性。ONAP 也专门建立了相应的邮件列表以方便开发者进行交流合作。

7.2.1 ONAP 基本框架

ONAP 平台为用户提供了一系列常用的功能来实现特定的服务，例如数据采集、控制回路、元数据菜单生成、策略和方法分配等。

为了能够实现一种新服务或操作，用户须使用 ONAP Design Framework Portal 设定相应的定义，完成数据采集、分析及策略制定。同时，ONAP 通过对一系列 SDO（包括 ETSI NFV MANO、TM Forum SID、ONF Core、OASIS TOSCA、IETF 及 MEF）的拓扑、工作流及策略模型信息的整合，生成了统一的信息模型及框架。使得该模板能够满足不同的用例需求，提升 ONAP 各组件间的编码一致性并提升 ONAP 平台的互用性。在北京版本中，ONAP 已经能够支持包括基于 ETSI NFV IFA011 v2.4.1 的 VNF 信息模型、基于 TOSCA 的 VNF 描述模型以及基于 ETSI NFV SOLv004 的 VNF 封装模板。

同时，ONAP 还为所有组件提供了多种常用操作，包括事件日志、报告、通用数据链、访问控制、密钥管理、弹性控制及软件生命周期管理。这些操作均符合标准 VNF 界面及要求。

由于 ONAP 平台完全基于虚拟环境，平台也会因此面临更多的安全挑战和机遇。通过在每个平台组件中添加访问控制系统，ONAP 能够检测并降低被攻击的可能性，提高其安全等级。

如图 7-5 所示为 ONAP 北京版本的架构。ONAP 平台可分为以下五大部分：界面、设计态框架、运行态框架、闭环自动化和微服务支持。

（1）界面

统一的用户界面，用户可根据自身角色操纵设计态或运行态环境，即 ONAP Portal。该部分功能由 Portal 项目提供。

（2）设计态框架

设计态框架是一套具备工具、技术、资源库、服务和产品的完整开发环境。该框架通过模型的复用来提升效率。通过一套声明方法和策略，能够自动化处理资源、服务、产品及 ONAP 平台构件的实例化、交付和生命周期管理，所有的资源、服务、产品及其管理控制功能都被模型化，从而得以控制服务的行为和结果。其中，包括的子项目有 SDC、Policy、VNFSDK、VVP 和 CLAMP。

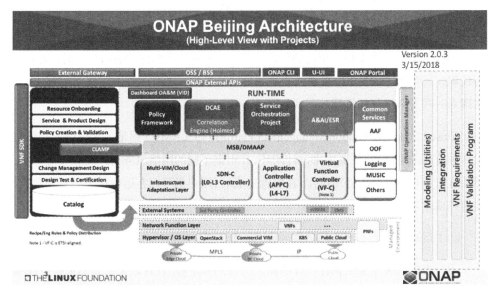

图 7-5　ONAP 架构（北京版本）

SDC（Service Design and Creation）是设计态框架中至关重要的组件之一。SDC 提供了工具、技术及资源库，是一个集成设计环境。所有的资源都会被划归为以下四类：资源、服务、产品或供给。SDC 环境也支持多用户通过同一平台进行操作，利用该设计平台，产品及服务设计者可以轻松地上架、延伸、撤下资源、服务和产品。操作者、工程师、客户经理及安全专家能够确立所需工作流程、策略及方法，以此实现闭环控制自动化及弹性管理。所有服务的建立和配置都依赖于 SDC 进行设计。同时，它还拥有一套下发机制，能够将设计完成的服务分发给下游其他组件（下发工作由 DMAAP 项目支持）。

ONAP 的子模块 VNF Supplier API and Software Development Kit（VNFSDK）及 VFC Validation Program（VVP）则提供了一套 VNF 封装和验证工具，以保证 VNF 生态系统的健康发展。供应商能将这些工具与 CI/CD 环境集成，封装 VNF 后再将其上传至验证工具中。仅当 VNF 通过测试验证后，才能够通过 SDC 进行后续的上架和加载。

Policy Creation，即 Policy 模块主要负责策略的处理。策略囊括了已制定的规则、先决条件、需求、约束、特定属性及任何必须提供或确保的要求。从较低层面看，Policy 模块功能包括在受到触发或收到请求后执行某些的操作。但同时 Policy 也负责考量给出一些特殊情况的处理方法，包括在符合某些特定条件时触发特定策略需求及根据不同条件选取更为合适的结果。

Policy 中的策略支持大幅度的修改。当需要更新某些组件的输出结果时，无须重写代码，只要通过修改相应规则就能达到更新的目的。同时，它也支持以抽象的方式实现对一些复杂机制的管控。

Closed Loop Automation Management Platform（CLAMP）则是一个负责控制环路设计和管理的平台。它主要用来设计闭环，并根据不同的网络服务为其配置相应参数，然后进行部署和最终的停用操作。在配置完成后，用户仍可以在运行状态下更新参数，或暂停或重启环路。

（3）运行态框架

运行态框架实际上是执行设计所制定的规则和策略。设计态中设立的策略及模板会被分发至多个 ONAP 模块，例如 Service Orchestrator（SO）、Controllers、Data Collection、Analytics and Events（DCAE）、Active and Available Inventory（A&AI）和 Security Framework。这些模块都使用支持日志记录、访问控制和数据管理的通用服务。而平台中的另一个新模块 Multi-Site State Coordination（MUSIC）则能够帮助平台记录和管理跨区域部署的状态信息。外部 API 同时也支持第三方访问，例如 MEF、TM 论坛及其他潜在用户，以此来增进运营商 BSS 和相关 ONAP 组件间的互动交流。

- 编排器

Service Orchestrator 模块扮演了 ONAP 中编排器的角色，主要负责执行相应的编排操作，例如事件、任务、规则及策略的按需编排，网络、应用、基础服务和资源的修改及移除。在对基础设施、网络和应用进行全局考量后，SO 能为 ONAP 提供高层次的编排服务。

SO 主要向 BSS 和其他 ONAP 组件（包括 SO、A&AI 和 SDC）提供外部北向接口，并配备了一个标准化的界面。这样，无须冗长、高成本的组件集成，用户就能对包含 BSS/OSS 环境的平台有一个抽象的理解。

- 以策略为驱动的负载优化

该部分主要是一个优化机制，由多个 ONAP 模块组织而成。

ONAP Optimization Framework（OOF）是其中最为重要的组成部分，它是一个以策略和模板为驱动的框架。可以为大量的用例提供优化方案。OOF 内部的 Homing Allocation Service（HAS）组件提供了策略驱动的负载优化服务。利用 HAS，在多种不同的约束（包括容量、位置、平台能力及其他特殊要求）下，ONAP 能为跨区域、跨云的服务提供最佳布局。

除 OOF 外，ONAP Multi-VIM/Cloud（MC）、Policy、A&AI 和 SO 等其他 ONAP 组件也在策略驱动负载优化中起到了重要的作用。而 OOF 内部的 HAS 组件则是负责实际解析优化的部分。在得到 SO 部署定位请求后，依据 Policy 平台中已有的约束及要求，OOF-HAS 会根据硬件平台识别（HPA）功能及 ONAP MC 提供的实时容量检测对 A&AI 中现存的云信息进行选择，以挑选出最符合性能、负载要求的 VIM 或云实例。基于对云资源更加合理的利用，用户能够进一步领略到虚拟化带来的价值。该特征现已在北京版本的 vCPE 案例中得到运用。

- 控制器

控制器是指那些与云端及网络服务相连，并为组件及服务的运行、配置、设定规则并控制其状态的应用。在通常情况下，操作者不会使用单一的统一控制器，而是会根据不同控制域使用多种不同类型的控制器。在 ONAP 中，对于云计算资源，就有负责网络配置的 SDN-C 和负责应用的 APP-C。除此之外，虚拟功能控制器（VF-C）也提供了与 NFV-O 功能相契合的 ETSI 网络功能虚拟化服务，可以负责虚拟服务及相关物理 COTS 服务硬件的生命周期管理。VF-C 不仅提供了一个通用 VNFM（VNF Management）也能与外部的 VNFM 和 VIM 集成，形成 NFV MANO 栈的一部分。

在北京版本中，新加入的跨站点状态交互（MUSIC）项目能够记录和管理 Portal 和 OOF 的状态，以保证跨区域部署 ONAP 项目的稳定性、冗余度及高可用性。

- 仓储管理

A&AI（Available and Available Inventory）是 ONAP 中负责实时监控系统资源、服务、产品及其关系的项目。A&AI 提供的视图关联了多个 ONAP 实例、业务支撑系统（BSS）、运行支持系统（OSS）及网络应用中的数据，并利用这些数据组建了一个包含终端用户购买的产品到生成新产品的原材料信息的、从顶至底的视图。A&AI 不仅为产品、服务和资源提供了注册的服务，同时也对这些资源库存情况间的关系进行实时更新。

为保证 SDN/NFV 的多样性，当控制器对网络环境做出修改时，它们也会对 A&AI 进行实时更新。可以说，A&AI 完全由元数据驱动，能够支持通过 SDC catalog 动态添加新品类的库存信息，规避了冗长的开发周期。

（4）闭环自动化

ONAP 平台在最大限度上实现了以下步骤的自动化：

设计 → 建立 → 采集 → 分析 → 检测 → 发布 → 响应

以上步骤的自动化能够保证在无人干预的情况下，平台仍能对不同的网络和服务情况进行自主响应。在 ONAP 平台中，有多个运行态模块参与实现了改闭环自动化。

DCAE（Data Collection，Analysis and Events）负责收集事件、性能、使用情况等数据并将其推送至其他模块（例如 Policy、SO），使之执行闭环中的各步操作。

Holmes 为电信云基础设施提供了关联提醒及数据分析服务，基础设施包括服务器、云基础设备、VNFs 及网络服务。

（5）微服务支持

微服务支持主要包含以下两部分内容。

- ONAP Operation Manager（OOM）利用 Kubernetes 和 Helm 来部署管理整个 ONAP 平台。
- Microservices Bus（MSB）提供了服务的注册和发现、外部 API 网关、内部 API 网关、客户软件开发包（SDK）及 Swagger SDK。

7.2.2 ONAP 应用场景

ONAP 平台通过测试较为实际的用例来提升平台的认知度。在首个版本阿姆斯特丹中就引入了两大用例：vCPE（Customer Premise Equipment，客户终端设备）及 VoLTE（Voice over Long-Term Evolution）用例。在之后的版本中也会逐渐引入更多的用例以测试其他新增功能。

1. vCPE 用例

CPE 是用户侧网关,处于接入网的边缘,是用户网络与外部网络的接口单元。CPE 的功能是为用户提供三重业务,即数据、语音和视频。例如,类似于"机顶盒"装置在居民住宅中的应用,提供了必要的能力为用户提供服务以及与电信运营商的网络端连接。

运营商的用户一般分为家庭用户和政企用户。家庭用户侧的 CPE 称为家庭网关,政企客户侧的 CPE 称为政企网关。随着互联网业务的快速发展,家庭用户和政企用户分别遇到许多问题。例如,对家庭用户来说,运营商通过 NAT(网络地址转换)为家庭网络提供 IP 地址,而在其后的家庭内网对运营商并不可见。在很多情况下,网络的问题可能是内网的问题,与运营商提供的网络无关。当家庭网络出现问题时,运营商需要提供上门到户的技术服务,维修成本高。

在这种情况下,可以改善的机会在于可以取消上门维护服务,包括 CPE 的安装或任何所需的更新或维护。另一个可能的改善在于,为电信运营商通过客户自助服务门户网站提供按需服务的机会,以及更多的定制化服务。

vCPE 的出现正是为了应对这样的需求,SDN 技术和 NFV 技术的快速发展也为接入网终端设备 CPE 的虚拟化提供了基础。IDC 估算,与传统情况相比,vCPE 节省总成本的 39%~44%。仅此已经是非常惊人的了,而各项新能力的价值速度更是带来巨大的竞争优势。例如,可以更迅速地在网络和使用虚拟化技术的客户中进行部署。

具体到 ONAP 来说,在 vCPE 用例中,许多传统的网络功能(例如防火墙、NAT、家长控制)都通过虚拟网络功能得以实现。这些 VNF 既可以部署在数据中心也可以部署在客户边缘。vCPE 基础架构能够帮助服务供应商在为其用户提供更多增值服务的同时,减少对于底层硬件的依赖。

ONAP vCPE 用例架构如图 7-6 所示。

在 vCPE 场景中,用户将一个物理 CPE 附着于传统宽频网络中。在服务层之上,通过在数据中心中建立 tunnel(隧道)来承载多种 VNF。该场景原本需要较为复杂的编排和管理机制,因其既需要针对虚拟环境进行管理同时也需要兼顾用户同服务供应商之间的 underlay（底层网络）连通情况。

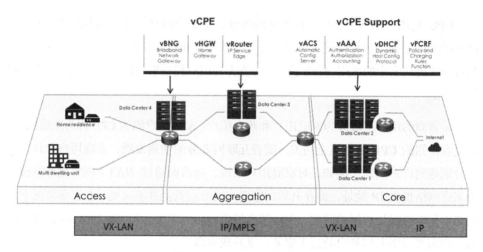

图 7-6　DNAP vCPE 用例架构

而使用 ONAP 则可以大幅降低管理的难度。通过 ONAP 中的 SDN-C（管理连通性）及 APP-C（管理虚拟服务），可以为端到端服务提供一个通用编排层。SDN-C 主要用来建立网络连接，APP-C 则用来管理 VNF 的生命周期。这样也就简化了操作流程，同时能便捷地添加新的增值服务。在北京版本中，除运用上述两个模块外，还使用了由 OOF、Multicloud、SO、A&AI、Policy 等组件提供的策略驱动负荷优化功能。该功能能够帮助 ONAP 平台根据不同的物理约束，包括容量限制、位置因素及硬件平台识别（HPA）情况，将 VNF 部署至最高效的位置。

2. VoLTE 用例

ONAP 平台的第二大应用场景则是长期演进语音承载（VoLTE），具体来说是移动运营商如何基于 SDN/NFV 部署 VoLTE 服务。该场景结合商用 VNF，利用供应商的特定组件（包括 VNFM、VIM、EMS 及 SDN 控制器等）创建和管理下层跨边缘及核心数据中心的 vEPC 及 vIMS 服务。

ONAP 平台通过以下几大组件来实现对于 VoLTE 的支持，包括 SO、VF-C、SDN-C 及 Multi-VIM/Cloud。其中 SO 负责实现端到端的服务编排，并利用 VF-C 及 SDN-C 实现 VoLTE 服务的部署。SDN-C 负责建立网络连接，而 VF-C 负责完成网络搭建及

VNF 生命周期管理和容错管理等一系列操作。这样就使得 VoLTE 用例的部署过程更具灵活性，降低了 CAPEX 和 OPEX 并提高了 CSP 的设施利用率。VoLTE 用例架构如图 7-7 所示。

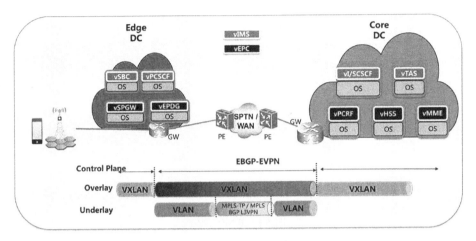

图 7-7　VoLTE 用例架构

7.3　OPNFV

提到 NFV 就不能回避一个开源项目——OPNFV（Open Platform for Networks Functions Virtualization），OPNFV 是 Linux 基金会为了加速 NFV 的发展，于 2014 年 9 月成立的开源项目。与 Linux 等其他开源项目不同，OPNFV 是一个集成的开源平台项目，目标是建立一个运营商级集成的开源 NFV 参考平台（NFV reference platform），通过 OPNFV 运营商、厂商将共同推进 NFV 的演进，确保多个开源组件之间的一致性、性能和互操作性。

OPNFV 以开源社区的方式对各种上游开源项目进行系统集成,并针对 NFV 环境进行测试，进而加速 NFV 技术的演化。OPFNV 在上游和下游都有工作，具体来说集成和测试是下游活动，而新功能开发则是上游活动。基于这一点，OPNFV 也可以称为是一个"中游"项目。所有新的软件功能和增强都会在上游项目里完成，而且虽然 OPNFV 会做一些扩展测试，但是并不会构建最终的产品，这是留给用户和厂商来做的。

目前 OPNFV 中的项目已经不少于 50 个，平均而言，每六个月发布一次主要版本，版本号以河流命名。OPNFV 架构如图 7-8 所示。

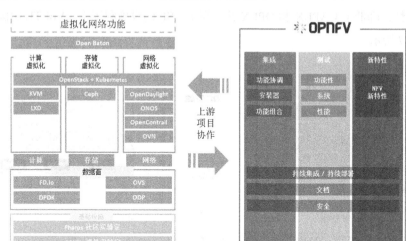

图 7-8　OPNFV 架构

OPNFV 平台架构可以分解成以下基本组件：

- 硬件平台：各种基础设施。
- 软件平台：各种开源软件平台的整合与部署。
- 管理编排：MANO 相关项目。
- 应用程序：运行在 OPNFV 软硬件平台之上的其他项目，会影响并驱动 OPNFV 需求。

OPNFV 主要围绕三大支柱来组织项目，并特别地将最终用户作为主要贡献者，来直接影响 OPNFV 的发展。

- 集成：OPNFV 通过集成各个开源项目来满足特定的 NFV 需求。
- 测试：OPNFV 利用各种 NFV 特定参数来测试整个软件栈。
- 新特性：对于上游开源项目来说，OPNFV 可以视作 NFV 需求的载体。通过积极参与上游项目并独家提供 NFV 需求，OPNFV 引导这些开源项目来开发满足 NFV 需求的新特性。

7.3.1　OPNFV 上游

OPNFV 中的许多项目都源自上游开源社区，OPNFV 整合并测试这些不同上游项目的组合，使这些项目与 NFV 的要求保持一致。当 OPNFV 社区需要修改代码以满足需求时，通常到相关的上游项目直接进行贡献。如图 7-9 所示为 OPNFV 的主要上游项目。

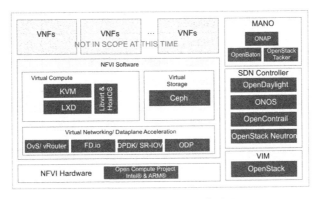

图 7-9　OPNFV 的主要上游项目

1. MANO

目前，与 OPNFV 集成的 MANO 项目主要有三个：ONAP、OpenBaton 和 OpenStack Tacker。此外，Open Source MANO（OSM）也可以随时集成到 OPNFV 中。

2. VIM

VIM 负责创建和管理虚拟计算和虚拟存储等基础资源，目前 OPNFV 中主要支持 OpenStack 和 Kubernetes 作为其 VIM。

（1）OpenStack

在 NFV 的背景下，OpenStack 可以作为电信基础架构管理的开源软件，实现用于 NFV、5G、IoT 以及其他业务。全球的电信运营商包括 AT&T、中国移动、Orange、NTT DOCOMO 以及 Verizon 都在部署 OpenStack，并将 OpenStack 作为一种集成引擎，通过它的 API 在单一网络上用于裸机、虚拟机及容器资源的编排。

OpenStack 本身是一个大型项目，包含许多子项目。目前有一些 OpenStack 项目虽然与 NFV 有关，但并未纳入 OPNFV。在传统的几个核心项目中，Nova、Cinder、Neutron、Keystone 与 Glance 都已经与 OPNFV 进行集成。与 NFV 相关的 OpenStack 项目如表 7-1 所示。

表 7-1 与 NFV 相关的 OpenStack 项目

服务类型	项目	是否已和 OPNFV 集成
告警（基于测量的告警、通知）	Aodh	是
编排	Heat	是
管理	Congress	是
VNFM/MANO	Tacker	是
根因分析	Vitrage（和 OPNFV doctor 相关）	是
资源预留即服务	Blazar（和 OPNFV Promise 相关）	是
跨多区域 Neutron 网络自动化	Tricircle	是
集群服务	Senlin	是
仪表盘	Horizon	是
遥测	Ceilometer（OPNFV Barometer 使用）	可选
工作流	Mistral	可选
监控	Monasca	可选
时间序列数据库	Gnocchi	否
DNS	Designate	否
分布式备份、恢复和容灾	Freezer	否
数据保护	Karbor	否
分布式 SDN 控制器(可替代 Neutron SDN 控制器)	Dragonflow	否

此外，OpenStack 社区还有许多孵化项目，其中一些也与 NFV 有关，如表 7-2 所示。

表 7-2 与 NFV 相关的 OpenStack 孵化项目

服务类型	项目	是否已和 OPNFV 集成
用于 NFV 网络服务的模型驱动、可扩展框架（可以替代 Neutron API 层）	Gluon（和 OPNFV NetReady 相关）	是
多区域部署的集中式服务	Kingbird（和 OPNFV multisite 相关）	是
基于 YAML 的 TSOCA simple profile 解析器	TOSCA-Parser（和 OPNFV parser 相关）	是
将 TOSCA simple profile 转换成 OpenStack 中使用的 HOT 文件	Heat-Translator（和 OPNFV 中 parser 相关）	是
综合网络服务编排	Astara	否
基于组的策略	GBP	否

OpenStack 已将 NFV 视为一个重要的应用场景，并将 OPNFV 的需求包含在 OpenStack 发行版中，主要体现在 Nova、Vitrage、Congress、Neutron、TOSCA-Parser 和 Heat-Translator 等项目的增强上，同时 DragonFlow 和 Tricircle 也作为可选服务包含在 OpenStack 中。

（2）Kubernetes

除 OpenStack 之外，从 Danube 版本开始还试验性地支持基于 Kubernetes 的 VIM。Kubernetes 使得容器化的方式部署 NFV 成为可能。在 Danube 版本中使用的 Kubernetes 没有与任何 SDN 控制器进行集成，也不与任何其他以 NFV 为中心的项目集成。不过，后续版本会持续地与 Kubernetes 进行更深层次的集成。

3. SDN 控制器

SDN 控制器主要是以软件的方式定义物理网络和虚拟网络的控制平面。在 SDN 之前，使用路由协议对交换机或路由器进行配置，而这些协议不允许对交换机或路由器进行较细粒度的控制。SDN 控制器通过北向接口与 MANO 和 VIM 连接，并通过南向接口与物理机、虚拟交换机及路由器相连。目前，虽然北向接口尚未标准化，但南向接口已经存在多种标准，如 OpenFlow、OpFlex、Netconf、P4 和 OVSDB 等。SDN 控制器负责建立 overlay 网络，overlay 网络是建立在为虚拟机提供连接的物理网络之上的，并可以通过路由器或网关与外部进行通信。

OPNFV 集成了 5 种 SDN 控制器：

（1）OpenStack Neutron

OpenStack Neutron 既是 API 转换层又是 SDN 控制器。如果仅用作 API 层，则使用核心插件通过其对应的北向接口连接到第三方 SDN 控制器。如果用作 API 层和 SDN 控制器，Neutron 通过驱动程序管理 OVS 和外部物理交换机。通常，在复杂环境中，Neutron 不用作 SDN 控制器，而是仅用作 API 转换层。另外，OPNFV 上也有一些传统上被认为是 VNF 的服务插件，例如负载均衡器（LBaaS）、防火墙即服务（FWaaS）及 VPN 即服务（VPNaaS）等。

（2）OpenDaylight

和 OPNFV 一样，OpenDaylight（ODL）也是 Linux 基金会下面的项目。它是一

个完整的模块化 SDN 控制器，可用于多种场景，如 NFV、IoT 和企业级应用。ODL 支持多种南向接口（OpenFlow，Netconf 和其他协议）来管理虚拟机和物理交换机。对于 OpenStack 或其他协调层的北向接口，ODL 使用 YANG（标准建模语言）模型来描述网络、各种功能和最终状态。ODL 社区规模庞大，博科、思科、爱立信、惠普、英特尔、红帽等都支持该计划。

（3）ONOS

ONOS 是一种模块化的 SDN 控制器，专为服务商提供电信级的可扩展性、高性能和高可用性而设计。ONOS 的核心是分布式的，因此可以水平扩展。北向接口基于具有全局网络视图的框架，南向接口包括 OpenFlow 和 Netconf，以便能够管理虚拟机和物理交换机。ONOS 由开放网络实验室（ON.lab）管理，该组织由 17 个主要成员组成，其中包括 AT&T、中国联通、Comcast、Google、NTT Communications、SK 电讯和 Verizon 等运营商，同时也包含许多技术爱好者。

（4）OpenContrail

OpenContrail 是由 Juniper 开源的 SDN 控制器。它针对的是企业和服务提供商的云和 NFV 应用场景。OpenContrail 使用 BGP 和 Netconf 作为主要的南向接口来管理物理交换机和路由器。

（5）OVN

OVN 即开放虚拟网络。它由开发 OVS 的原班人马开发。该项目旨在添加虚拟网络抽象，如虚拟 L2 和 L3 overlay 和安全组。OVN 与上述项目不同，它仅局限于虚拟网络，而不是成为一个完整的 SDN 控制器。所以，它并不试图解决管理物理交换机的问题。通过这种方式，OVN 的代码更轻量、更集中，仅解决小范围的问题。

4．NVFI 计算

（1）KVM

基于内核的虚拟机（KVM）是一个虚拟机管理程序，它是 Linux 内核的一部分，可以用它来创建虚拟机。KVM 提供的虚拟机看起来就像给操作系统和相关的应用程序提供了一台物理机。它具有虚拟 CPU、内存、网络端口、SSD 或 HDD 存储。由于每个虚拟机都有自己的操作系统实例，因此隔离和安全特性几乎与单独的物理机一样好。KVM 是一个成熟的、拥有 10 年历史的项目。

（2）LXD

OPNFV 还集成了 LXD，一种来自 Canonical 的系统容器技术。在架构方面，LXD 类似于 Docker，它使用与 Docker 相同的底层隔离机制来提供容器的隔离。

（3）Libvirt/HostOS

OPNFV 支持 Ubuntu、CentOS 和 SUSE 作为运行管理程序的主机操作系统。Libvirt 是一个虚拟化 API，用于管理在主机操作系统上运行的管理程序。它一端与 VIM 通信，另一端与 KVM 或 LXD 进行通信。

5. NVFI 存储

根据 OpenStack 用户调查，Ceph 是 OpenStack 部署中最受欢迎的外部块存储软件。因此，OPNFV 也集成了 Ceph，从最初的 A 版本开始，Ceph 就一直是官方推荐的存储组件。

6. NVFI 网络

虚拟交换机和路由器提供虚拟网络或 overlay 层来连接虚拟机或容器，这些都由 SDN 控制器管理。

（1）OVS

Open vSwitch（OVS）是 Linux 基金会下面的项目，始于 2009 年，广泛应用于各行业。它在主机 Linux 操作系统中实现了一个虚拟交换机，为虚拟机之间提供虚拟网络。OpenStack Neutron、ONOS 和 ODL 都支持 OVS。

（2）vRouter

OpenContrail 带有自己的虚拟网络技术，在虚拟机管理程序中运行的 vRouter。它类似于 OVS，也可以执行转发，因此名称为 vRouter。

（3）FD.IO

Fast Data 项目（FD.IO）核心引擎是来自思科的矢量分组处理引擎（VPP），是 OVS 的高性能替代品。VPP 并行处理多个数据包，而不是一次一个。这样摊薄了一整包数据包的查找和计算开销,从而提高了效率。VPP 开放了一个高性能的底层 API。对于需要使用更高层机制与 VPP 通信的软件堆栈,另一种名为 Honeycomb 的 FD.IO 技术可以把通过 Netconf/Restconf 暴露出来的 YANG 模型转换为 VPP API。对于支持 Netconf/YANG 的控制器,如 ODL,可以"挂载"Honeycomb 管理代理与 VPP 的通信。独立测试表明,当转发到 2000 个 IPv4 地址时,FD.IO 吞吐量比使用 DPDK 的 OVS 要好 5 倍;当转发到 20000 个 IPv4 地址时,其吞吐量要高出约 39 倍。FD.IO 也是一个 Linux 基金会项目,FD.IO 的白金成员包括思科、爱立信和英特尔,还有 12 个额外的金牌和银牌会员。

7. 数据面加速

鉴于性能的重要性,以包/秒、延迟或吞吐量来衡量,需要特殊技术来优化数据平面性能。这个是 NFV 特有的要求,并和计算密集型的企业场景不一样。OPNFV 中主要有两种数据平面加速技术。

（1）DPDK

DPDK 是一个 Linux 基金会下的项目,目的是加速数据包处理。在最近的一项研究中,使用 DPDK 的 OVS 的平均吞吐量提高了 75%。该技术可在多处理器上使用,在加速数据平面的 EPA（Enhanced Platform Awareness）技术的一部分被英特尔推广。EPA 除 DPDK 以外的主要技术是大页、NUMA 和 SR-IOV。大页通过减少页面查找来提高 VNF 的效率,NUMA 确保工作负载使用处理器本地的内存,而 SR-IOV 可以使网络流量旁路管理程序,直接透传到虚拟机。

（2）ODP

由 Linaro Networking 集团及其 13 个成员公司支持的 OpenDataPlane（ODP）项目旨在为网络数据平面加速创建一套标准的跨功能 API。硬件厂商热衷于增加加速特性,如安全性、交换卸载等。但是,没有用户想要使用专有功能。ODP 通过给应用程序提供标准 API 来弥合这种鸿沟,供应商可以采用其特定的硬件加速功能。

8. NFVI 硬件

OPNFV 根据英特尔和 ARM 架构的专有和开源硬件测试其软件。一个显著的开源硬件项目是开放式计算平台（OCP）。OCP 与传统的开源软件项目不同,因为它只关注硬件。OCP 由 Facebook 发起,将其效率、成本和功耗创新带到社区,社区以开源的方式设计计算服务器、存储服务器、网络设备和整个机架。OCP 内的电信工作组专门针对电信运营商的需求。该组拥有新的 19 寸机架级系统设计,适用于计算、存储、网络和 GPU 插槽。

7.3.2 OPNFV 项目

随着 OPNFV 社区的发展,目前已经包含了数十个子项目,涵盖了 NFV 平台的各个方面。这里主要从功能模块、测试及发布等方面选择几个典型项目进行介绍。

1. container4NFV(OpenRetriever)

container4NFV 目的在于在网络边缘节点或者核心网络中为已经容器化的 VNF 提供一个容器运行环境,让 VNF 能够运行在容器和虚拟机共存的平台上。初始阶段主要考虑 VNF 在容器环境下的运行,并逐步给出适合网元的容器全栈方案。

container4NFV 联合 CNCF、OpenStack、OPNFV 三大社区,在 2016 年 12 月正式成立。参与公司有 Intel、ARM、华为、ZTE、Nokia、爱立信等。该项目将容器生态融入 NFV 中,提供基于容器的 NFV 架构,提供开源技术架构、开源容器化网元和相关测试用例。

2. stor4NFV

NFV 的很多用例(use case)要求访问大量的存储设备,例如 vCDN 的高清视频流、持久路由表、崩溃恢复和移动边缘计算等。但是长久以来,在 OPNFV 的众多项目中并没有一个项目从功能的角度专注存储需求,因此 Stor4NFV 项目应运而生。

Stor4NFV 作为一种灵活高性能的存储方案,聚焦于 NFV 对于存储需求的优化,可以使所有基于 NFV 的应用受益,尤其是存储密集型用例,如 vCDN。Stor4NFV 的初始目标是优化 I/O 性能的同时兼顾扩容、缩容和稳定性问题,stor4NFV 项目的贡献者主要来自 Intel、华为、中国移动、星辰天合(XSKY)、中兴、戴尔等公司。

Stor4NFV 主要涉及 OpenSDS 与 Ceph 两个上游项目。OpenSDS 也是 Linux 基金会下的一个子项目。

面对存储产业云化趋势加强,SDS(软件定义存储)是存储云化的重要手段。但目前 SDS 的挑战是控制面无标准,由各存储厂商自定义,导致生态发展缓慢。因此,业界需要有统一的 SDS 标准,面向应用提供灵活、按需供给、服务化、目录化的存储数据服务。基于这样的背景和 OpenStack 成功的启示,业界领袖厂商达成一致,共同建立 OpenSDS 联盟,推行开发 SDS 标准化,发布 SDS 控制器参考架构,开放标准 API 接口。最终用户基于 OpenSDS 标准可获得轻量级、厂商中立的 SDS 环境。

概括来说,OpenSDS 就是适用于多云环境下存储资源统一编排调度的存储控制器,它可以提供如下的能力:第一个是标准,OpenSDS 提出建立一套关于软件定义存储的开放标准;第二,服务发现,OpenSDS 会把每一个存储的后端作为一个服务,进行资源池等一些服务能力的上报;第三,提供一套统一的资源池,供上面的云平台进行调度;第四,服务发放,针对存储相关的业务提供服务发放的功能;第五,管理,会有一个统一的控制器,对底下的存储资源进行统一管理;第六,自动化,OpenSDS 的目标是提供一套用于云化存储的自动化解决方案;第七,它可以提供自服务功能,会有一些内部的系统监控,保证系统的高可用;第八,异构,定位是解决现在存储异构的一些管理问题;最后,编排,OpenSDS 会提供一套基于策略的编排调度框架。

OpenSDS 作为一个开放的联盟,目前加入的存储厂商及企业客户有 Dell EMC、IBM、华为、英特尔、Vadofone、Toyota 等。联盟成立了技术指导委员会(TSC)和用户指导委员会(EUAC)两大组织:TSC 负责社区技术的发展方向,EVAC 负责为社区提供不同行业云化场景下的存储诉求。

对于 Stor4NFV 项目来说,Ceph 主要作为 OpenSDS 的存储后端而存在,StorANFV 架构如图 7-10 所示。

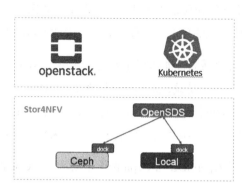

图 7-10 stor4NFV 架构

Stor4NFV 主要有三种部署方式,一种是 standalone 的方式,Stor4NFV 可以独立地被任何一个 NFV 的 use case 使用，此时 Ceph 扮演了数据面以及 OpenSDS 存储后端的角色，用户能够使用控制面 OpenSDS 进行数据的创建删除等操作。另外，两种部署方式分别与 OpenStack 和 Kubernetes 集成，在 OpenStack 和 Kubernetes 的场景下使用。

3．pharos

除软件基础设施外，OPNFV 项目还需要相应的硬件基础设施项目进行开发、集成、部署和测试，这就是 pharos 项目的目标。

pharos 负责定义基础设施实验室需要具备的能力、开发管理策略和流程，以及规划如何对实验室资源和发布资源进行可靠的访问。通过 pharos，用户可以随时容易地利用社区实验室提供的各种软硬件资源。各大公司对社区实验室提供软硬件的支持，但 pharos 并不控制这些资源的使用。

pharos 项目旨在开发一套测试框架用于将 OPNFV 社区内不同公司提供的软硬件进行组合来提供对 NFV 的测试。pharos 使用裸机服务器打造了多地域分布、多样化的社区实验室基础设施。目前，Linux 基金会和北美、欧洲和亚洲的多家公司贡献了总共 16 个实验室。来自不同的供应商，地理位置和 CPU 架构的多样性实验室是加强 OPNFV 软件的主要资产。

pharos 项目涵盖了如下一些内容。

- 规格：规定了每个环境或 POD 的最低要求。一个 POD 包括一台跳转服务器和用作控制节点、计算节点和存储节点的 5 台服务器。POD 还需要一些网络，并规定了存储和交换的能力。一个实验室可以由一个或多个 POD 组成。实验室提供者需要发布关于实验室和 POD 的描述文档。
- 仪表板：pharos 仪表板提供了所有实验室的资源和利用率的整体视图。
- 实验室即服务：pharos 的关键目标是测试，而一些项目需要获得裸机资源才能开发，LaaS 以服务的形式向项目提供实验室资源。
- 有效性验证器：一组检验实验室是否符合 pharos 规范的工具。
- 虚拟机实验室：大部分实验室关注裸机资源。但对于开发者而言，基于虚拟机的实验室也应该被提供。

4．SampleVNF

SampleVNF 提供若干 VNF 的样例，包括 VNF 或网络服务的参考架构和优化方法。利用这些参考 VNF，OPNFV 的其他项目例如 Functest、Models、yardstick 等就可以基于典型的 use cases 的测试以及 NFV 进行个性化测试，用以帮助客户在 VNF 和 NFV 基础架构个性化定制和基准测试的活动中使用 OPNFV。VNF 的参考样例都进行了开源，并使用了经过优化过的 VNF 和 NFV 基础设施库，但这些 VNF 并不是商用产品也不包含私有代码。

SampleVNF 中的 VNF 不可用于现场部署，所有的 VNF 源码使用 Apache License Version 2.0。SampleVNF 项目创建公用的 VNF 样例开发环境，并可与 CI 工具链和已有的测试框架进行集成来完成 VNF 的部署和测试。

5. yardstick

yardstick 是一个性能测试项目，基于 ETSI 参考测试用例集。yardstick 将典型的 VNF 的性能度量工作分解为若干特性/性能指标集，用以量化 NFVI 的计算、网络和存储性能。

yardstick 开发了自动化测试框架并为每组性能指标集开发了测试用例，并且通过并行运行、故障注入、构建多种测试拓扑和测试场景等方式，组合出非常复杂和综合性的用例。yardstick 通过插件架构来实现可扩展性。yardstick 验证基础架构在运行 VNF 应用时对标准的符合程度。ETSI GS NFV 001 描述的 NFV use cases 提供了大量的应用场景，每一种应用场景都针对底层的基础架构和测试工具有特定的需求和复杂的配置。

yardstick 还包括一些性能测试子项目：VSPERF（vSwitch）、cperf（SDN 控制器）、storperf（存储）、qtip（基准测试即服务）和 bottlenecks（瓶颈检测）。为了评估已上线 VNF 的性能，yardstick 还提供了流量生成工具以及网络服务基准测试模块。

（1）VSPERF

如果从吞吐量、抖动、每秒数据包和处理延迟来衡量，虚拟交换机（如 OVS）是影响 VNF 性能的一个主要因素。VSPERF 项目测量 vSwitch 及相关虚拟网络端口和物理网络端口的性能，它目前主要评估有部署 DPDK 及没有部署 DPDK 情况下 OVS 的性能，但该测试项目不依赖于特定的 vSwitch 实现和流量生成器。其性能测量路径如:端口 → 虚拟交换机 → 端口;端口 → 虚拟交换机 → VNF → 虚拟交换机 → 端口;端口 → 虚拟交换机 → VNF → 虚拟交换机 → VNF → 虚拟交换机 → 端口。

基于多个行业规范和用例，不同的测试用例测量点也不同，如转发速率、坏邻居（Noisy Neighbour）的影响、数据面和控制面耦合、CPU 和内存利用率等。VSPERF 把 vSwitch 当成是物理交换机来测试，使用外部流量生成器，运行中谨慎地确保测试的准确性、一致性、稳定性和可重复性。

VSPERF 可以独立启动或通过 yardstick 启动。

（2）cperf

cperf 用于测试 SDN 控制器的性能。它融合了诸多上游项目性能团队的贡献，如 OpenDaylight 性能小组。该项目运行众多性能测试，如只有一个控制器节点的网络可扩展性（例如，最多能支持的交换机、端口、链路等）；集群可扩展性（例如，最多能支持的控制器）；只有一个控制器集群的网络可扩展性（例如，最多能支持的交换机、端口、链路等）；流量性能（例如，每秒最大流量、数据包延迟等）；API 性能（例如北向接口、南向接口 API 延迟等）；数据存储的性能（例如，每秒最大读速率、每秒最大写速率等）。

（3）storperf

storperf 测试外部块存储的性能，适用于 HDD 和 SSD 存储。该项目的目标是提供基于 SNIA（存储网络行业协会）性能测试规范的报告。该项目测量不同块大小和队列深度（未处理的 I/O 数）的延迟、吞吐量和 IOPS（每秒 IO 次数）。

具体步骤为，在跳板机上部署一个有 storperf 测试 API 的 Docker 容器，自动测试使用这些 API 来生成卷和虚拟机并将它们互联，接着运行各种存储测试并收集结果。使用 Docker 容器作为测试工具进行测试的方法在测试项目中是很常见的。

storperf 可以独立启动也可以通过 yardstick 启动。

（4）qtip

正如 MIPS 或 TPC-C 这些基准测试通过给出一个评分来描述基础设施的性能那样，qtip 也尝试对 NVFI 的计算（也包括一部分的存储和网络）性能进行相同的评价。

qtip 是一个 yardstick 插件，它从五个不同类别的测试中收集度量数据：整数、浮点数、内存、深度包检测和加密速度。将这些度量数据综合起来以产生一个 qtip 指标值，基准是 2500，数字越大越好。在这个意义上，qtip 的目标之一就是让 yardstick 的结果更直观易懂。

（5）bottlenecks

bottlenecks 项目试图在开发阶段而不是生产环境中发现系统的性能限制。bottlenecks 已经与 yardstick 进行了集成。与 qtip 创建新的基准目的相反，bottlenecks 的目标是使用各种现有的基准和指标来衡量网络、存储、计算、中间件和应用程序的性能是否满足用户的要求。整个过程由用户设置的"实验配置文件"驱动，bottlenecks 基于这些配置文件驱动测试，并完全自动地配置基础架构，创建工作负载，运行测试，收集结果。从这些测试中收集的数据往往相当多，因此该项目还实现了用于分析和可视化的工具。这些测试结果有助于识别不符合要求的测试指标，从而使用户能够对硬件、软件或协议等进行选择决策。

6. functest

functest 用于处理 OPNFV 中各种部署场景的验证和实际的测试用例。主要目的包括：定义测试工具，定义测试套件，测试工具的安装和配置，和持续集成相关的自动测试，提供 API 和仪表板功能。

functest 基本是使用各种上游项目的测试用例，如 OpenStack 的 Tempest 和 Rally，ODL 的 Robot 框架和 ONOS 的 Teston 框架。在 functest 中复用这些上游测试的用例有四个原因：1）集成在一起测试，以确保端到端的互操作性；2）为许多 OPNFV 上游项目增加功能测试（这些测试也会对上游项目有贡献）；3）增加了一些端到端的测试用例，这些测试用例可能是最重要的；4）整合开源 VNFs（如 Clearwater vIMS 和 MANO 项目），用以在底层 VIM 和 NFVI 上产生真实的测试条件。

functest 提供测试方法论、测试套件以及测试用例来验证 OPNFV 平台上与 VIM 和 NFVI 组件相关的功能。functest 使用自上而下的方法，从选择 ETSI NFV 测试用例和开源 VNF 来进行功能测试开始，这种自上而下的方法把测试用例分解为简单的操作和必要的功能，并指定必要的网络拓扑，开发网络流量的特性，引入必要的测试用的网络流量。在理想情况下，VNF 的实现应该是开源的，但是私有 VNF 有时也会被采用。

functest 会交付一套带有测试套件和测试用例的功能测试框架，以测试和验证 OPNFV 平台的功能。测试框架（工具、测试用例等）由持续集成框架使用，用于在裸机服务器上验证 OPNFV 平台的功能。在这种测试环境下，OPNFV 的测试者要使用开源的 VNF 组件。

7.3.3　OPNFV CI

OPNFV 集成了一些上游项目，为了以自动化方式实现这一整合，OPNFV 成立了三个项目来支撑持续集成（CI）工作流：releng、pharos 和 octopus。它们对 OPNFV 项目的成功至关重要。

releng 项目定义并支持使 OPNFV 获得成功所需的软件基础设施。它收集各个 OPNFV 项目的需求、安装配置所有的工具、软件自动化任务和脚本等，即自动集成、部署和测试所需的一切。同时，releng 提供使用指南，并为其他项目在使用软件基础设施上提供最佳实践支持。releng 和 Linux 基金会基础设施团队提供的主要工具如下：

- 协作类。JIRA/Confluence OPNFV 使用 Confluence Wiki 进行社区协作，并使用 JIRA 进行缺陷和问题跟踪，并向贡献者分配问题。每个项目的 Wiki 页面、周例会（对外公开的）、JIRA 和一些其他工具一起为用户提供了一种公开和透明的贡献方式。
- 源码管理和代码审查。OPNFV 使用了三种工具来进行源码管理和代码审查：Git、Gerrit 和 GitHub。源码管理使用 Git，OPNFV 所有项目代码、脚本、模板文件和用于文档自动化的文档源码都保存在 Git 库。
- 持续集成和软件自动化。Jenkins 是一款开源的软件自动化工具，通常用于自动化集成构建和测试。Jenkins 被认为是强大脚本的集合，是一个构建编译的实用工具，具有基于事件（例如 Git 库的变更）的触发活动的能力。OPNFV 使用 Jenkins 来执行自动化持续集成、部署和测试，这些测试可能是简单的验证任务或某个更复杂的测试组合。releng 也提供其他的工具来收集、分析、搜索和可视化测试结果数据，例如 Elasticsearch、Logstash、Kibana 和 Grafana。
- 制品库。Google 云存储和 Docker hub。Git 对于管理源码文件是非常好的，但它不是存储大型制品（如详细文档、Docker 映像、软件包、ISO 文件等）的好地方，而是被存储于当前托管在 Google Cloud Storage 制品库中，或以 Docker 镜像的形式存储在 Docker hub 上。

octopus 和 releng 项目创建了如下的 CI 工作流，它在各种 pharos 实验室的 POD 上部署和测试 OPNFV 软件。

1）贡献者克隆主分支到本地。

2）贡献者在本地分支进行修改、新增代码或修改故障，完成本地的单元测试。

3）贡献者提交补丁进行评审。

4）通过 Jenkins CI 的验证任务来验证提交的补丁。

5）评审人员可以检查该补丁和 CI 结果；该补丁可能被接受、拒绝或者打回再修改。

6）如果该补丁被接受，贡献者中的一位将补丁合入主分支，将触发 Jenkins 进行提交合入的任务。

7）Jenkins 也会创建本地制品库，例如用于测试工具的 Docker 容器。

8）最后，Jenkins 执行各种每日、每周或非周期性的测试任务。

目前，OPNFV 每六个月发布一个的正式版本，以这种节奏发布版本是开源项目中的常见做法。在接近发布日期时，重点从添加新功能转为缺陷和问题修复。发布团队还会根据项目的成熟度和项目准备的充分度来决定是否包含或排除某些特定项目。最终的目标是演变成一个持续的交付方式，能以更高的频率进行发布，并且最终主分支在任何给定的时间点都是稳定的。

7.3.4 OPNFV 典型用例

OPNFV 最初是由若干电信公司发起组成的，因为 OPNFV 比较多得的是电信领域相关的用例，但其实已经涉及更广泛的产业领域。以下是三类最常见的用例。

1. vCPE（Virtual Customer Premise Equipment）

vCPE 将以前由专有硬件实现的用于将企业或个人连接至互联网或分支机构连接

至总部的设备（如防火墙、路由器、VPN、NAT、DHCP、IPS/IDS、PBX、转码器、WAN等）进行虚拟化。通过将这些设备的功能进行虚拟化，运营商或者企业可以快速地部署各种服务，减少对客户的上门服务，以及烦冗的手工配置，进而增加收入、降低成本。vCPE还可以提供一种分布式计算，在这种场景下核心云中的功能可以由边缘云计算进行补充。

2. vEPC（Virtual Evolved Packet Core）

从2G发展到4G，甚至即将到来的5G，网络流量和用户数都急速增加。vEPC可以使移动网络运营商和服务提供商使用虚拟的电信基础架构来提供语音和数据服务，而不再是使用之前的物理专用硬件组成的基础设施。同时，提供多个并发的网络功能需要引入网络分片或网络多租户，这也是vEPC可以提供的功能之一。总的来说，vEPC可以减少opex和capex并加速服务的交付和按需扩容和缩容。

3. vIMS（Virtual IP Multimedia System）

网络服务提供商（OTT）作为网络运营商的竞争者，驱使着传统的电信、有线和卫星服务运营商通过提供语音、音频、视频以及基于IP网络的消息传递服务来进行反击。vIMS网络以其灵活部署和良好的可伸缩性被运营商认为是一种经济可行的手段，运营商可以利用vIMS来有效地应对OTT的竞争。尤其是考虑即将到来的5G网络，需要提供50倍的网速以及1/10的网络延时，以及大量新出现的5G应用场景，例如机器通信、车联网、智慧城市、物联网及移动边缘计算和网络切片。这些应用必须通过vIMS和vEPC等虚拟网络才能灵活高效地实现，仅仅依靠以往的专用物理硬件是很难达到的。